本书获国家葡萄产业技术体系项目支持

XIANDAI PUTAO
GUANGUANGYUAN
GUANLI YU JINGYING

现代葡萄观光园管理与经营

翟建军　李秀芝　翟　衡　主编

中国农业出版社
北　京

图书在版编目（CIP）数据

现代葡萄观光园管理与经营 / 翟建军，李秀芝，翟衡主编．—北京：中国农业出版社，2020.12
ISBN 978-7-109-27485-3

Ⅰ．①现…　Ⅱ．①翟…　②李…　③翟…　Ⅲ．①葡萄－种植园－果树园艺　Ⅳ．①S663.1

中国版本图书馆 CIP 数据核字（2020）第 196128 号

中国农业出版社出版
地址：北京市朝阳区麦子店街 18 号楼
邮编：100125
责任编辑：郭银巧　杨天桥
版式设计：王　晨　　责任校对：赵　硕
印刷：中农印务有限公司
版次：2020 年 12 月第 1 版
印次：2020 年 12 月北京第 1 次印刷
发行：新华书店北京发行所
开本：880mm×1230mm　1/32
印张：6.25
字数：165 千字
定价：45.00 元

编委会

主　　编　翟建军　李秀芝　翟　衡
参编人员　杜远鹏　翟　羽　梁　婷

前　言

耗费了两年多心血的这本《现代葡萄观光园管理与经营》小册子终于要付梓了，总感觉应该说点什么。

我认识作者翟建军和李秀芝夫妇已经十多年了，那时候他们在打理自己葡萄园的同时还为当地的企业和果农进行技术服务。得益于国家葡萄产业体系建设以及早期的农业部公益性行业科技支撑项目，他们成了我们山东农业大学葡萄团队的一员，参加了一系列葡萄科技培训与示范活动。他们具有难能可贵的求学精神与大胆创新实践的勇气，既掌握了现代化的理念，又具有丰富技术积累与创新。翟建军已经指导了十几家规模葡萄园，在观光采摘园现代化建设上积累了丰富的经验，也获得了业内同行的高度认可和赞誉。李秀芝并非酿酒科班出身，但她凭着惊人的毅力进行学习与实践，通过到西北农林科技大学葡萄酒学院进修并赴澳大利亚 A 级酒庄参与酿酒工作，酿酒技术日益精进，已经成为国家一级酿酒师、二级品酒师，指导着多家观光园的酿酒工作。他们的勤奋、励志为我及我的学生们树立了学习的榜样。

目前市面上有关葡萄栽培的书林林总总，但有关现代化葡萄综合观光园建设的书凤毛麟角。翟建军夫妇的经验正是目前现代化葡萄观光园建设所需要的，不总结出来分享给大家实在可惜。这本由产学研团队合作编写出来的书如果能对读者有所裨益，团队成员将不胜欣喜。

翟　衡

2020 年 4 月于山东岱下

目录

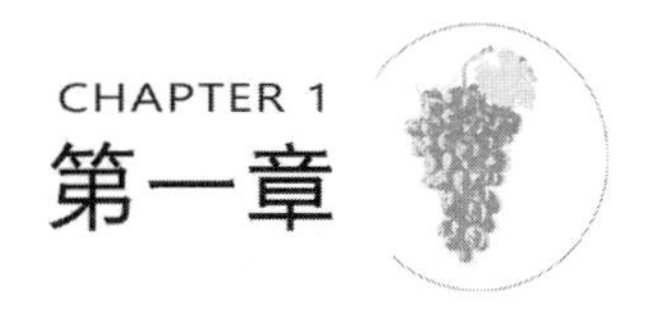

现代葡萄观光园规划

第一节　现代葡萄观光园概述

一、发展现代葡萄观光园的意义

1. 什么是观光农业　观光农业是指具有美化生态环境和观光旅游等功能的农业，是将农村的空间和农产品等资源，运用科技、文化、艺术等手段加以开发和充分利用，以期产生除农产品之外的新价值。观光农业贯穿农村一、二、三产业，能够大幅度地提升传统农业及其衍生农产品的附加值，因此观光农业是紧密连接农业生产、农产品加工业、旅游服务业的新型产业形态和消费业态，是生活水平发展到一个阶段后社会对现代人的物质需求和精神文明需求的一种呼应。

葡萄以其赏心悦目的形态、丰富的产品呈现形式、深厚的文化底蕴而成为观光休闲农业的首选项目之一。

2. 发展葡萄观光园的可行性

（1）革新传统葡萄种植业　进入21世纪葡萄生产规模扩大，经营主体多元化，但生产目标单一化的传统种植模式依然占据了主要部分，部分葡萄已经出现产能过剩，开发现代葡萄观光园，将拓宽葡萄产业经济发展的思路，引导葡萄种植业者变革传统生产经营理念，积极采用先进的管理技术，提高葡萄生产的科技含量，走省力化、精细化、城乡融合化的路径，实现经济效益与环境效益和社会效益的协调发展。我国农业正处在传统农业向现代农业转变的初期，而发展现代葡萄观光产业则为这一转变提供了最佳突破路径。

(2) 葡萄观光产业助力乡村振兴 葡萄观光产业是服务性、劳动密集型产业，不仅需要管理人员、服务人员，还需要商业、交通、文化等行业的配合，有利于农村大量剩余劳动力的再就业，缓解劳动力过剩的矛盾，不但有助于农民增收，还能改善村容村貌，改善农民生活方式，助力乡村振兴。

(3) 经济效益突出 现代葡萄观光园因环境美化所带来的增值效益使初级产品即葡萄的价格显著高于葡萄生产园，而观光休闲、深加工产品所带来的附加值更是初级产品的好多倍，有较高的经济优势。

3. **葡萄园作为观光农业的优势** 葡萄观光园具有明显的市场优势和资源优势。葡萄观光园处于城乡的交错带，周边城市是重要的客源地，通过挖掘当地历史文化资源，发挥当地区位优势，走“借势发展，错位竞争”之路，辅以配套服务设施，以葡萄为特色，建设休闲特色的庄园或酒庄，塑造园区主题形象，打造园区特色精品，打造农业经济发展的乡村振兴样板，助力城乡一体化建设。

现代葡萄观光园具有明显的科技优势。观光园既包含着现代种植科技，也需要应用诸多现代科学先端技术，如互联网人工智能等智慧农业高科技。让城市消费者亲自感受现代科学技术条件下葡萄绿色安全生产过程，体验智慧农业操作，认识新奇异趣的葡萄品种，尤其是有助于促进少年儿童对现代农业科技的认知。葡萄观光园的发展也为建设大专院校学生提供了实践基地，更易从科研院所获得管理、技术方面的支持，互利共赢。

要组织专家及多层次人员对规划进行充分论证和进一步凝练提高，保障规划目标科学、实际且具有一定的发展空间。

二、现代葡萄观光园规划要素

1. **目标功能定位** 现代葡萄观光园要可持续健康发展，首先是要在充分进行市场调查、分析的基础上，论证确定观光园经营发展的目标。

在功能定位上，要以市场为导向，以效益为中心，充分利用现

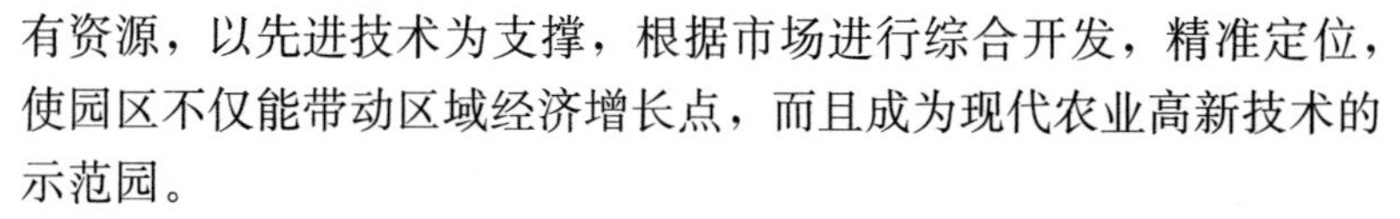

有资源，以先进技术为支撑，根据市场进行综合开发，精准定位，使园区不仅能带动区域经济增长点，而且成为现代农业高新技术的示范园。

准确判断客源市场需求是目标、功能定位的基础。葡萄观光园主要客源是喜欢农村生态环境，对葡萄非常感兴趣的城市居民。立项开发首先应该从客源市场分析开始，根据市场需求来规划设计观光园。调查任务主要包括：确定市场的特点及潜在市场的规模，对市场进行细分；从消费者的需要和偏爱以及最能满足市场需要的设施（规模、数量、质量）两方面来对市场进行评估；从季节因素、其他旅游点及当地同行的存在（是否临近、竞争性或互补性经营）等方面来分析客源市场的限制因素；根据人口属性（年龄、收入、文化程度、职业等），逗留目的（娱乐、休闲、用餐、购物等），地域来源，经济水平，旅游喜好等来确定客源市场。

观光园的另外一个重要客源是中小学生。根据当地资源可设置开发素质教育基地、教学实践基地及研学旅游、团体拓展等项目，根据不同年龄和季节推出相关活动及与其相匹配的设施，如7～9月是游客采摘的“黄金季节”，也是天气最为炎热的时段，在园区内多配置清爽阴凉的葡萄棚架休闲场地，或附加配置与消暑清凉有关的娱乐活动，例如，五羊坡葡萄观光园，在园区内配置智能温室，利用水帘风机降温，门口悬挂名曰“零下1度”大幅冰冻背景图，在棚外就给游客一个强烈的视觉冲击引导，在棚内则打造出了一个实实在在的自然凉爽环境，还有专柜服务员提供葡萄汁、冷冻葡萄颗粒等相关的冷饮小吃，增加了游客的逗留时间，为餐饮项目也带来了效益，吸引了大量幼儿园助教机构和中小学生的夏令营团体。

2. 葡萄园规模定位 现代葡萄观光园的规模定位取决于市场容量，因此首先要确定周边市场容量。市场容量的大小取决于3个因素，分别为人口、购买力、购买欲望，这3个因素相互关联、相互制约，一个地区只有人口众多，购买力才可能强，才能成为一个有潜力的市场。

建园规模要与市场营销模式和营销能力相匹配。一般现代葡萄观光园营销有两种方式，一是园内销售，如果采用单一采摘方式为主的葡萄园，种植面积建议定位为20～80亩*；二是外销，供应周边商超、高档水果店和城市居民的部分市场，通过网络营销、订单营销、宅配送等品牌营销模式。能同时采用园内销售和外销两种营销模式的葡萄园，葡萄种植面积就可相对较大，从上百亩发展到上千亩，可根据市场和营销能力分期扩大葡萄种植面积。

3. 现代葡萄观光园选址要素

(1) 空间距离 项目距离是现代葡萄观光园项目选址最大的限制因素。应当根据区域内市民意愿和出游的最大空间距离来选址。最大项目距离因当地经济水平和消费习惯而异，需要充分调研考察确定。此外，葡萄是时令鲜食水果，产品可替代性极强，短程休闲游客是葡萄观光园客源市场的主体。如果旅游空间距离较长，旅途要花费大量时间，就会降低对游客的吸引力和满意度，除非沿途旅游场所较多并已经形成了较为适宜的观光氛围。

距离选择上应考虑在0.5～1小时的车程，离主要客源市区15～30千米的路程应该是葡萄观光园的黄金距离，城市越小距离越短。上班族的双休日由于时间限制，不愿意也不可能花费太多时间在旅途上，所以能让游客用最短的时间到达，有充裕的时间来旅游的葡萄园就具有较大的吸引力，而一些交通不便、闭塞、远离城市的园区很难有充足的客源。

(2) 交通条件 交通条件的主要衡量标准是通达性和便捷程度。交通到达的时间和空间距离会影响游客的行为决策，交通条件与游客的流量存在很大的关系，路况相对较好的近郊旅游，是自驾游的首选。

例如，兖州刘村甜万佳葡萄观光园，在整个暑假都很火爆，尤其是到了周末，游客量达到园区接待能力的上限。原因主要有3

---

* 亩为非法定计量单位，1亩=1/15公顷。——编者注

点：①园区紧邻省主干道；距离两条不同方向的高速出口5～8千米；位于3个相对发达地区及县级城市的交界处，相距3～20千米。②园区所有道路都打造成“路不见天”的葡萄长廊，让游客畅游万米长廊，感受葡萄风光的同时也能避暑休闲。③主要客源是周边城市居民及企业团体。

（3）经济条件 在开发现代葡萄观光园时，要重点关注以下几个方面：①区域内总体经济发展水平。②消费水平、消费习惯及消费倾向。③劳动力、人才状况和社会习俗。④水、电、交通、通信等配套基础设施条件等。处在较好经济环境的观光园资源丰富，发展潜力大。

4. 葡萄观光园选址建议及附例

（1）城市附近 客源市场条件决定着葡萄观光园资源的开发价值和规模。观光园的市场具有很强的针对性，只要不是利用非常特殊的资源，选址都应当在城市居民消费的空间范围之内。

例如，某市有一观光综合园区项目，投入超过2亿元的资金，建设了大规模设施栽培，葡萄品种优良，娱乐设施、绿植景观、机械设备、办公环境都堪称一流，然而自建成开放后就一直游人稀少，门可罗雀。分析原因主要两个方面，一是位置选在3个乡镇交界处，距其均为10～20千米，3个乡镇均规模种植果菜，园区内的产品对这个乡镇的居民没有吸引力；其周边有4个县城，但距离都在70～90千米，并且交通条件很差，因此对县城游客也没有吸引力。二是园区产品定位为高端，远远超出当地消费者的生活水平，因此游客入园率低。

其实任何一个葡萄观光园本身吸引力及辐射范围都有一定的局限性，因此地点应选择在城市近郊，主要客源是市民而不是乡镇百姓；功能定位也应该考虑当地消费者的承受能力，而不是根据投资能力随意追求高端定位。

（2）景区附近 现代葡萄观光园项目需要较旺的人气来支撑，风景名胜区、自然保护区、文物保护区和遗产保护区是旅游人群形成的人气集结地，是葡萄观光园项目开发和选址的立项依托区域，借势开发与景区互补型、错位型的主题项目是观光园成功的优势条件。

例如，曲阜尼山天地人葡萄观光园，位于尼山圣境区入口的主干道上，是前往景区的必经之路。该观光园抓住了“借势”发展的营销策略。每逢节假日和周末都会出现不同程度的交通拥堵现象，园区在路旁规划建设了葡萄大棚架生态停车场和休息场地，打出了“免费停车、免费品尝葡萄”的广告牌，推出“背诵《论语》《三字经》赠送葡萄”的文化活动，不仅方便游客休息和缓解高峰期的人流，同时也留住了一部分游客，园区鲜食葡萄、葡萄酒系列产品销售十分火爆。

因此，在分析区域旅游发展基础时，应着重考虑旅游资源的类型、特色及其提供的旅游功能，还要注意外围旅游资源状况。

(3) 交通主干道沿线 自驾游是短途游客重要的出行方式之一，在城乡公路交通便捷的基础上，依托高速出口附近或比较畅通的国道、省道公路，开发现代葡萄观光园项目，相对比较容易启动客源市场。

第二节 现代葡萄观光园的功能配置与布局

一、配置与布局原则

现代化葡萄观光园的功能布局应在充分考虑各种功能特点及其相互关系的基础上进行合理配置，基本原则应遵循科学合理、经济实用、美观舒适、协调平衡及充分考虑人性化需求。

根据地形地貌合理规划各功能区及景观，以道路沟通串联各功能区，使各功能区之间道路相通，出入有序，构成一个有机整体。

整体规划应布局合理，功能分区明确，因地制宜地满足观光采摘、餐饮娱乐、休闲度假、科普展示、种植体验等多种功能需要。功能配置可统筹规划、分期建设，有计划地分期实施逐步建设，既有利于资金周转回笼，也能为以后发展留有余地。

二、园区功能配置内容

1. 入口区 入口区是观光园的门面，标志性建筑便于吸引和引导游客进入。主入口区包括入口牌坊、大门、园区导向图等。大门及标识是具有特殊交际功能的信息公示语，其设计原则上应与当地文化和园区的主题相匹配，体现地方特色，使标识系统的特征具有不可替代性。

新颖的主题大门能吸引游客拍照分享，每个人都可能是园区潜在的宣传者，因此大门的设计要有主题文创元素，能突出园区特色，要和内部的建设风格保持一致，加深游客对园区的特色记忆，避免“撞门”（图 1-1、图 1-2）。

图 1-1　标志性大门

图 1-2　入口

2. 停车区　建议设置在临近入口处，可根据估计客流量，确定停车区面积，留足停车位（图 1-3）。

固定停车区：埋设立柱划分多个单元停车位，立柱上架设弧形或平行主梁，高度一般为 3 米，在架面拉钢丝，多样化种植攀爬植物，如葡萄、紫藤、蔷薇等；可设计大巴车停车专区，设置拱形架或半露天拱形架以增加高度。地面使用花砖作为铺装材料，种植耐践踏的草本植物。

临时停车区：门前如有宽敞路面，可在不影响交通的情况下作为应急停车区。

停车区附近可以配置休息区、美食区、农产品超市或产品销售区等，同时配置卫生间、垃圾桶等附属设施。

图 1-3　葡萄架下停车区

3. 服务接待办公区　服务接待办公区包括办公区、游客服务中心、葡萄文化展示室等。可将钢结构房设计成仿木屋、石屋、竹屋等体现区域文化特色的建筑风格。

应在游客密集的区域安装免费网络，通过游客自媒体对观光园做免费宣传。

4. 葡萄品种展示区、品尝区　展示区展示葡萄品种，可让采摘游客对葡萄品种有直观的认识，品尝区则可让游客对葡萄口味有更进一步地了解，选择性采摘自己喜欢的葡萄品种。葡萄品尝可选在环境清凉舒适的温室、葡萄架下或树林下，品尝部分的花费可归

入门票。

5. **观光采摘区**　观光采摘区是园区建设的核心区，是观光园的基本用地（图 1-4）。采摘区要注意按成熟期的早晚依次排列分区种植葡萄，以便种植管理和游客采摘管理。采摘区要采用标准架式，如 T 形、高干 Y 形、顺行棚架等，结果部位适中，避免让游客弯腰低头采摘而感到疲劳。地面建议生草，避免游客踩陷在泥土之中。

在采摘路线上适当规划建设一些园林小品营造景观，道路上架设长廊，栽植的葡萄应达到品种多样、树形标准、结果部位统一，避免光秃日晒或乏味。

图 1-4　观光采摘区

6. **科普展示区**　科普展示区是为儿童青少年设计的活动用地，以科教与趣味活动、观光相结合，田间可分为植物科普区、动物科普区，同时配套室内科普教育设施。

植物科普区：在相应的葡萄品种上设立品种介绍牌，道路两旁和其他空闲地栽植的观赏树木花草及果树也要悬挂品种牌。

动物科普区：养殖家禽、家畜或珍稀易养的动物，如鸳鸯鸭、元宝鸡、贵妃鸡、鸵鸟、孔雀、羊驼等。通过互动以及对动物生活习性的文字展示与讲解，增强青少年的生物学知识及保护生态环境的意识。

7. **种植体验区、认领区**　种植体验区可让游客通过不同程度的劳作亲近自然，体验种植的乐趣。简单体验可采用引导伴随式，即园区技术员根据葡萄物候期特征，示范葡萄当季的一项主要管理技术，并简单讲解其意义，该类体验主要适用于青少年学生团队。对于那些热衷葡萄的消费者可采用认领体验方式。

认领区可把整个园区葡萄分成若干小区或若干棵，悬挂认领者名称或编号，企业单位可在认领区或观光道路上做企业文化展示牌。分为全托认领和半托认领两种类型。全托认领（适合企业单位）由园区负责种管，认领者随时采摘，租金按株收取；半托认领以自管自收为主，由园区提供必要的生产工具及农资。

8. **生产区** 生产区是从事现代葡萄标准化技术生产的区域，地块面积较大，机械化程度高，生产的葡萄专供超市或果品市场，一般不对外开放，但在园区其他功能区产品供给量不能满足采摘时可以对游客开放。

9. **设施栽培区** 设施栽培区的建设目的是为了拉长采摘期。观光园推荐使用部分日光温室或智能温室栽培早熟品种以提前上市，采用连栋冷棚种植的各成熟期优质葡萄品种作为高端产品，生长季降水量大的地区露地栽培时建议采用避雨设施。

10. **休闲度假餐饮区** 主要用于观光休闲者较长时间的观光采摘、休闲度假（图 1-5）。

图 1-5　休闲度假设施

休闲园区可适当建设度假住宿设施，也可设置露天宿营帐篷。在设计上因地制宜，就地取材，或木屋，或青瓦土墙，或砌一座石

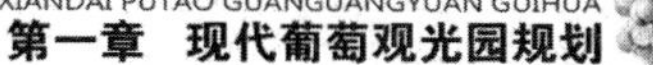

头屋，设计上突出田园风格，外简内精，卧室、客厅、厨房、卫生间等配置要齐全。自助式厨房配备灶具、餐具、油盐酱醋，自备食材。附近安装有特色的运动器材。经营方式为租赁，按天计算。休闲度假住宿注意发展定点式的深度旅游，强调以田园风光的品质吸引游客，从而延长游客的停留时间。

餐饮区要和休闲区相结合，生态餐厅是近几年出现的田园景观模式，以绿色景观植物为主、蔬果花草为辅，营造一个小桥流水、鸟语花香、翠色环绕的饮食生态环境，赋予传统餐厅健康、休闲的新概念。菜品应适当增加葡萄主题，饮品可配套葡萄汁、葡萄酒等。

11. 葡萄酒酿造区，加工、储藏区 葡萄深加工区为独立园区，也可建设在餐饮休闲区的附近，作为观光的一项内容。葡萄酒生产和旅游相结合也是发展趋势。

葡萄酒酿造区：可建设一个小型葡萄酒庄，以酒庄作为现代葡萄观光园的标志性建筑，主体建筑风格欧式或中国古典式。酒庄周围可以考虑留下充足的空间以备停车，如果要举办烧烤或户外婚礼，还要留足草坪场地。

加工、储藏区：为了增加葡萄的附加值，要不断开发新的葡萄产品，对葡萄进行储藏、加工、包装，充实整个产业链，也用深加工产品满足游客的周年需求。深加工产品种类繁多，如葡萄酒、白兰地、葡萄汁饮料、葡萄梢尖茶、葡萄籽粉、葡萄叶书签、葡萄糕饼食品等。葡萄深加工产品开发对提高观光园的经济效益有很大作用。

现代葡萄观光园建园

第一节　葡萄观光园基础设施建设

一、土壤生态条件

1. 坡向坡度　葡萄观光园客流量大，主要功能区应选择安排在地形相对平缓开阔且向阳的地方。葡萄栽培的适宜坡度为5°～20°。

不同坡向的小气候有明显差异。一般南坡、西南坡及东南坡所获得的太阳光热量大。北坡、西北坡及东北坡则较冷凉。南坡与北坡近地面20厘米处气温平均相差0.4℃；80厘米深土层，南坡比北坡地温高4～5℃。葡萄喜光、喜温，因此以选择南向坡为宜。

2. 土壤条件　葡萄可以生长在各种各样的土壤上，如沙荒、河滩、中轻度盐碱地、山石坡地等，但是不同的土壤条件对葡萄的生长和结果有不同的影响。

土层厚度越大，则葡萄根系吸收养分的空间越大，土壤积累水分的能力越强。在风化岩的土壤上，葡萄根系发育强大，但土层较薄且其下常有成片的砾石层，容易造成漏水漏肥，需要依赖水肥一体化技术为葡萄提供营养。

土壤类型决定着土壤的结构和水、肥、气、热状况。沙质土壤的通透性强，夏季辐射强，土壤温差大，葡萄的含糖量高，风味好，但土壤有机质缺乏，保水保肥力差。黏土通常有机质含量较高，但通透性差，易板结，葡萄根系下扎困难，虽可能产量高但质量差，一般应避免在重黏土上直接种植葡萄。

土壤酸碱度受成土母质及生态环境的影响，葡萄适应的土壤酸碱度范围比较宽，但在酸性过大（pH<5.5）或碱性较强（pH>8.5）的土壤上，如果土壤瘠薄，葡萄一般生长不良，容易出现各种缺素症及生理病害，需要改良后才能种植。土壤酸碱度主要影响土壤中矿质营养元素的有效性和可利用率，大量元素中，氮最大有效性的酸碱度范围是pH 6～8；磷最大有效性的范围是pH 6.5～7.5；钾和硫最大有效性幅度最广，均为pH 6～10；钙和镁最大有效性范围类似，为pH 7～8.5，过酸或过碱都影响有效性；微量元素钼有效性趋势与钾类似，相反，铁最大有效性范围处于整个酸性区域，当pH>6.5时即持续减小；硼最大有效性范围为pH 5～7，锰最大有效区范围较窄，为pH 5～6.5；锌和铜有类似趋势，最大有效区范围为pH 5～7。从土壤酸碱度与肥料吸收的关系中显示，适合葡萄的土壤pH为6.0～7.5（图2-1）。关注土壤酸碱度和元素有效性，对于改良土壤，有针对性施肥补充营养，以及选择适宜的砧木都有重要意义。

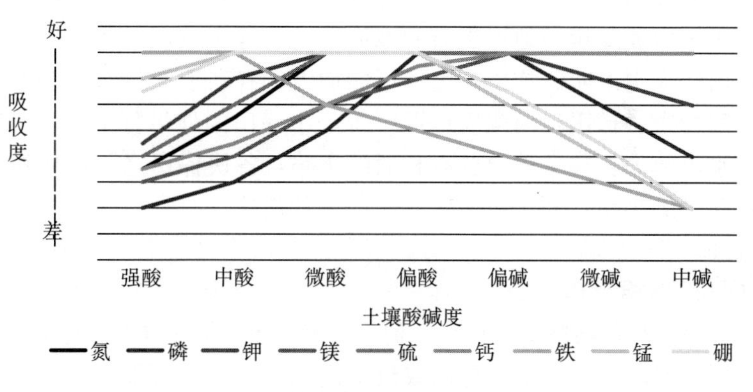

图2-1 土壤酸碱度与肥料吸收的关系

注：强酸pH 4.0～5.5；中酸pH 5.5～6.0；微酸pH 6.0～6.5；偏酸pH 6.5～7.0；偏碱pH 7.0～7.5；微碱pH 7.5～8.0；中碱pH 8.0～8.5。

3. 地下水位 葡萄浆果在湿润而不积水的土壤上生长和结果良好。比较适合的地下水位应在1.5米以下。地下水位高的土壤容易发生涝渍，引起根系窒息或死亡，因此不适合直接种植葡萄，在地下水位离地面0.7～1米的土壤上应起垄或限根栽培，并设置排水系统。

二、园地整理

1. 整地 结合整地改良土壤。因地制宜整地，以2～5亩为一小区，10～20亩为一中区，30亩以上为一大区。地块的形状应呈长方形，以便于机械化作业。整地的同时要设计规划道路系统，便于机械和人员的通行。

整地应安排在秋冬季节，耕（翻）而不耙，以便冻垡晒垡促进风化。黏重土壤应掺入适量的沙土或大量的稻壳、蘑菇渣、秸秆燃烧发电的炭渣等改良其黏重性。过于松散的沙质土，其下层如有黏板层，应破除并深翻上来与表层掺混增加黏粒。如果附近黏土丰富，也可适当客土，掺黏改沙。

梯田与漫坡要遵守等高整地原则，按照等高线原则修坡整地，分段修建小梯田，顺着山势的高低从上到下建成多个阶梯式梯田。山坡陡峭、地形复杂的地域不适宜建采摘园，可分段建小梯田作为生产园。梯田宽度尽可能加大，有利于保持水土和方便田间行走。梯田走向顺应地形，每个小梯田的外沿打上田埂，以防水土流失。整个地块要有相通的主路，各块梯田之间也要留有宽3米的小路，便于机械化行走，方便施肥、打药、采摘果实等管理。

2. 栽植方式

（1）行向与行长、行头 葡萄栽植行向，平地以南北行向优于东西行向；篱架应南北行向或近似南北行向，尽可能避免东西行向。棚架栽植无须考虑方向问题，地块长度作为栽植行向。

葡萄行的两端应与永久性排水沟渠等障碍物相距4米以上，以便机械拐弯掉头。边行架与两侧障碍物之间的距离应不低于3米。葡萄行头与乔木防风林的距离应更大，最好隔着沟渠或道路，以免大树的根系及树阴影响葡萄生长（图2-2）。

葡萄行的连续长度不宜超过 1 000 米，每隔 50 米架设立柱形成断口，留作区内作业小道，以方便人员及运输工具的通行。

图 2-2　行头空间

（2）栽植密度与株行距　株行距的大小决定于架式、品种、机械化作业、埋土防寒和观光自采等因素。观光园为了方便游人采摘和管理一般倾向于大行距，篱架行距最小不能低于 2.5 米。株距同样取决于品种的生长势及整形方式。生长势强的品种在土壤肥沃、水肥充足的条件下，单株占用面积可适当加大，反之应减少单株占用面积。

小规模的葡萄园为了能达到早期丰产，可实施计划密植，逐年间伐。行距 6 米以内的棚架栽培，前期葡萄加密栽植只适合株距加密，行距加密会增加建园成本和导致机械操作不便。葡萄观光园在各种立地条件与架式上的株行距大致如表 2-1 所示。

表 2-1　葡萄树形与株行距

架式与树形	行距（米）	株距（米）	亩用株数
篱架、单干双臂直立叶幕 T 形	2.5～3.0	1.5～2.0	111～177
篱架、单干双臂 V 形叶幕 Y 形	3.0～3.5	1.0～2.0	96～222
篱架、倾斜式单干单臂直立叶幕厂字形	2.5～3.0	1.0～2.0	111～266
棚架、传统龙干形	4.0～6.0	2.0～2.5	46～111
棚架、顺行龙干形	3.0～4.0	2.0～3.0	56～111
棚架、T 形龙干形	5.0～10.0	2.0～4.0	16～66

3. 改良土壤 葡萄是多年生植物，在定植以后再进行土壤改良非常困难，因此必须在栽植前改良土壤的理化性状。果园土壤有机质偏低是我国果园目前存在的普遍问题。日本把3%作为适合葡萄生长的土壤有机质含量下限，而我国多数园区土壤有机质含量平均不到1%，改良目标就是把土壤有机质含量提高到1.5%以上，栽植沟局部区域最好达到3%。根据计划增加的有机质水平来确定有机肥的施用量，如定植沟土壤提高1%的有机质含量需要使用有机肥量见表2-2，可按以下公式计算：

666米^2÷行距（米）×沟宽（厘米）×沟深（厘米）×土壤容重（按1.3千克/米^{3}计）×有机质提高量百分比（%）÷有机质含量百分比（%）÷腐殖化系数（按0.3计）＝种植沟有机肥施用量（吨）。

例如，定植沟宽80厘米、深80厘米，行距3米，计划定植沟土壤提高1%的有机质含量，购置45%的商品有机肥，计算种植沟内有机肥施用量。

666÷3×0.8×0.8×1.3×1%÷45%÷0.3＝13.68（吨）

即提高定植沟土壤1%的有机质含量，需要施用有机肥13.68吨。

表2-2 提高土壤有机质含量理论需要施用有机肥量

肥料种类	肥料有机质含量（%）	提高1%所需有机肥（吨）	提高3%所需有机肥（吨）	备注
商品有机肥	45	13.68	41	
有机液肥	35	17.6	52.77	
牛粪	14	43.97	131.93	行距3米 定植沟 宽80厘米
猪粪	15	41.04	123.14	
鸡粪	25	24.62	73.88	
羊粪	32	19.24	57.72	
兔粪	60	10.26	30.78	
饼肥	80	7.69	23.08	深80厘米

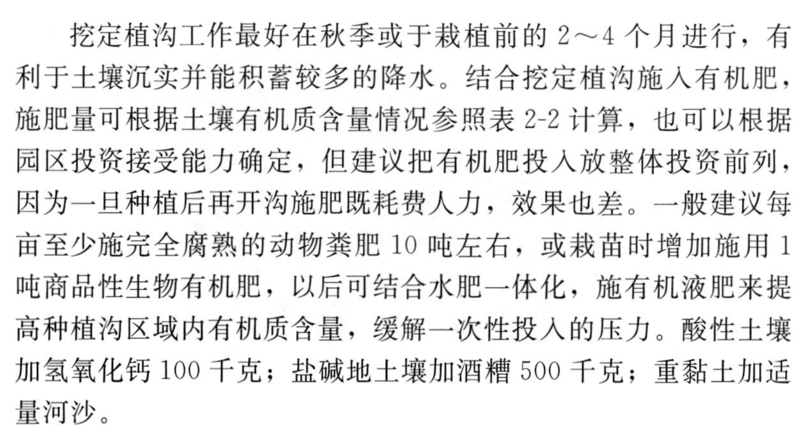

挖定植沟工作最好在秋季或于栽植前的2～4个月进行，有利于土壤沉实并能积蓄较多的降水。结合挖定植沟施入有机肥，施肥量可根据土壤有机质含量情况参照表2-2计算，也可以根据园区投资接受能力确定，但建议把有机肥投入放整体投资前列，因为一旦种植后再开沟施肥既耗费人力，效果也差。一般建议每亩至少施完全腐熟的动物粪肥10吨左右，或栽苗时增加施用1吨商品性生物有机肥，以后可结合水肥一体化，施有机液肥来提高种植沟区域内有机质含量，缓解一次性投入的压力。酸性土壤加氢氧化钙100千克；盐碱地土壤加酒糟500千克；重黏土加适量河沙。

挖沟前根据行距进行测量，定点放线。按确定的行距打上小木桩，小木桩应打在地块的边缘，防止机械开沟破坏，保留木桩作为以后架设立柱、栽植苗木的依据点。用绳连接木桩，沿拉绳撒石灰粉标记栽植沟的中心线。确定亩用有机肥量后，计算每袋撒施米数，以便心中有数，指导精确施肥。

每袋撒施米数＝660米^2（去除行头面积）÷行距÷（亩用千克数÷每袋重量）。

栽植沟的宽、深视土壤和气候而定，一般建议80厘米，寒冷地区加深到100厘米。用挖掘机挖栽植沟，在土层深厚、土壤质地好的园区，可以把有机肥直接撒在行内，用挖掘机原地倒翻土壤混匀肥料，完成一段前进一段；而在土层瘠薄的园区，最好充分利用行间表土，即把动物粪肥均匀撒施在待挖定植沟一旁的行间地面上。其作业要领是：挖掘机骑在行线中间，第一步，先挖出铲头可及的一段定植沟，将土扬在地头，再把行间包括有机肥在内的表层15～20厘米的土肥划进沟内填补平；第二步，挖掘机后退一段，再挖一段沟，把土回填到前面挖过的行间补平，再顺势把行间的有机肥土划进定植沟填平，如此循环反复。边挖边回填，滚动式挖掘方式既大量减少劳动力，也加快了作业速度，最大的优点是沟内土壤全部由表土和有机肥组成，局部土壤得到了优化，为葡萄生长打下良好基础（图2-3、图2-4）。

图 2-3 挖掘机施工

栽植沟完成后需要灌足量水，既提高土壤风化效果，也沉实了沟内土壤，防止以后苗木和立柱下沉。

起垄栽培：大棚种植、非埋土防寒地区及多雨地区可起垄栽培。于翌年土壤解冻后，由机械或人工进行扶垄，取行间表层土起垄，高 20 厘米左右，宽 60 厘米左右，整成龟背状。

图 2-4 结合覆盖葡萄种植垄安装滴灌管道

4. **灌溉设施** 葡萄观光园一般要采用滴灌设施。滴灌是最节水省工的灌溉技术，输水管结构简单，组装、拆卸方便，适应各种复杂的地形。滴灌在地面形成的湿润区域仅在滴管 30 厘米范围内，容易控制水量，不致产生地面径流和土壤深层渗漏；葡萄根区能够长时间保持最佳供水和供肥状态。由于行间地面没有灌溉，杂草也不易疯长，减少了除草用工。滴管通常放在防草布下或固定在离地面 30～60 厘米的钢丝上，避免除草或割草时造成损坏。

滴灌设施应请有资质的专业部门安装，以保障后续的技术指导和设施维护。水肥一体化技术是将施肥与灌溉结合在一起的农业新技术，是通过压力管道系统与安装在末级管道上的灌水器，将肥料溶液以较小流量均匀、准确地直接输送到葡萄根部附近的土壤中的灌水和施肥方法，其特点是能够精确地控制灌水量和施肥量，显著提高水肥利用率（图 2-5）。施肥器可根据实际情况选择智能施肥系统、简易施肥罐、文丘里施肥器等类型。

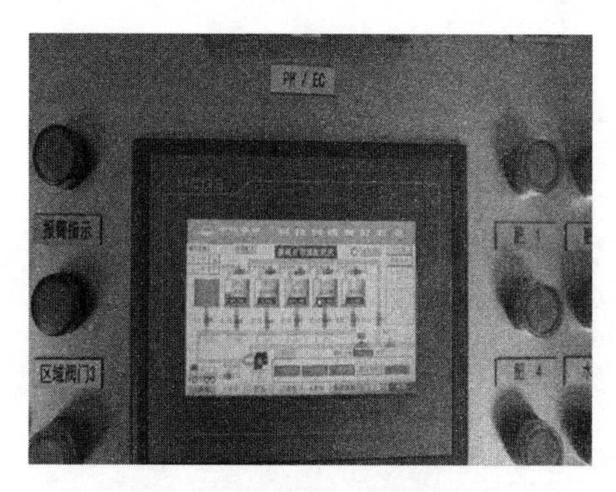

图 2-5 水肥一体化操作系统

5. **排水设施** 葡萄观光园的排水工程建设，首要考虑雨季排水，同时兼顾营造水系景观。排水工程要根据园区地下水位确定排水沟的深度，根据雨季一次最大雨量及地势确定沟宽。葡萄观光园的排水系统分为明沟排水、暗沟排水。

明沟排水：地下水位高、多雨地区的平地葡萄园要开深沟，最好做到一路两沟，沟沟相通，以排除地表径流或地面积水。山地梯田排水沟应在梯田的内沿挖沟。

暗沟排水：在地下埋设暗管，地表积水处留下水口。其优点是不占用土地，不影响机械操作；缺点是耗费高，容易淤泥堵塞。

6. **道路** 葡萄观光园的内部道路是构成观光和作业的网络或骨架，是联系各区的纽带，也是构成园景的重要组成部分。观光路的特色在于路线的形状、色彩、质感都应与邻近景观相协调。规划时不仅要考虑对景观序列的组织作用，更要考虑其生态功能和园区主题展示，以及对主题风格的分隔、连接功能。

葡萄观光园的道路包括交通主干道、作业道、观光采摘小道等。其构成原则是路路相通、避免走回头路，导引性强，方便行走且美观多样。要根据路宽、地形和道路临近区域种植的风格来选择架设不同材质、不同形状的长廊，形成绿荫道路。在道路两侧或回旋空地种植花草，建设不同主题的雕塑，增加园区不同色彩气氛与景观的多样化（图 2-6）。

图 2-6　长廊及主题雕塑

主干道路：宽度 4～7 米，连接园区中主要区域及景点，是园路系统的骨架。路面坡度应适宜交通工具的正常行驶。交通工具可选用电瓶观光车，电瓶观光车的特点是安静、低速、无污染、趣味性强、体积小且安全易驾驶（图 2-7）。也可以配备多人自行车，可以起到增加游园趣味、渲染游乐气氛的作用，并能增加园区收入（图 2-8）。

次要道路：宽度 3～4 米，延伸进各景区，地形起伏可较主要道路大些，坡度大时可做逗留平台、休息亭、踏步等处理形式。

游憩采摘小路：是园区观光最关键的构成要素，对丰富园区内的景观起着很大作用。在形状上应以自然线为主，依地势高低起伏，抑或以行头地形为基础，勾勒出园区的脉络。路面可做沙石或石块铺装，展现朴素的乡野气息，同时有利于雨水的自然渗漏，保护生态环境。

图 2-7 电瓶观光车

图 2-8 多人自行车

三、架式与架材设置

1. 架式选择 葡萄观光园所采用架式除了考虑当地的气候条件、品种特性、技术条件、场地要求和机械化程度等常规因素，还需要充分考虑方便游客采摘和采摘管理。棚架、高篱架是两类主要架式。

葡萄品种枝蔓生长强弱是选择架式的重要考量因素。长势旺的品种如夏黑无核、弗雷无核、蜜光、阳光玫瑰等，应选用棚架类，以较大的生长量减缓生长势，又能在短时间内完成架面整形工作；长势中庸和偏弱的品种如黑巴拉多、早霞玫瑰、藤稔等，应选择篱架或其变形的架式。长廊葡萄品种可选生长势较旺的摩尔多瓦或者抗性酒葡萄品种。

2. 架材的材质与规格 葡萄园的架材主要由立柱、钢丝、锚石三部分组成。V 形架、低干 Y 形架、十字形架需增加横梁，架材是建园投资中主要支出之一，除了坚固耐用，也需要考虑整齐美观。立柱多采用石柱、水泥柱、钢管、木柱等。

（1）石柱　多用于山区葡萄园，规格一般为 12 厘米×15 厘米，长 2.5 米。

（2）水泥柱　规格以 10 厘米×10 厘米为主，长 2.5 米，也可以做成上细下粗，边柱可以单独做得更粗一点。现在已有工厂化生产的水泥柱，用高标号水泥＋4～6 根钢绞线一次成型制作的柱子，特点是柱子细、重量轻、施工轻便、省工省力等，粗度可减小到 7.5 厘米×7.5 厘米，抗拉强度高，3.5 米长柱子横向拉力 200 千克无裂纹，同时配套其他部件，规模观光园可以考虑采用。

（3）钢管　钢管易于造型，能提升园区的档次和整齐度，但成本较高。一般选用 DN50（2 寸* 管）、DN65（2.5 寸管）圆管或 3 厘米×3 厘米、3 厘米×5 厘米方管，壁厚 1.5～2.5 毫米，作为立柱，长度 2.5 米，如兼用支撑防鸟网可以适当放长到 3 米。

（4）木柱　选用质地坚固不易腐朽的杉木、柏木或松木为好，为延长木柱使用年限，埋土部分可用沥青泡蘸或用火将木柱表层烧焦，也可在 2%～6%硫酸铜溶液中浸泡 2 周左右。

3. 篱架及其架设

（1）适宜条件　篱架适宜大规模种植，鲜食葡萄批量供应或生产加工原料，便于机械化作业，冬季埋土防寒较为方便。其主要优点是地面辐射强，浆果着色好，栽培加工类品种可获得优良品质。缺点是新梢生长受限，顶端徒长，下部叶片老化快，枝蔓引绑费工，平面果穗暴露，容易发生日灼；结果部位靠近地面，容易感染病害；此外由于视线遮挡，采摘季大规模游人进园管理比较困难。

观光园如果选择篱架栽培时，可采用变形篱架，改垂直篱架为倾斜篱架，如 V 形架、低干 Y 形架、双十字形架等。其优点是每亩有效叶面积增大，可容纳较多新梢量；枝蔓两面分开向两壁倾斜引绑，利于通风和防止日灼，也能缓和极性；如提高结果部位，还

* 寸为非法定计量单位，1 寸≈3.33 厘米。——编者注

能减少病害的发生。缺点是架材通常比单篱架多一倍，树体管理有所不便，如不合理留枝则产量极易减少。

（2）埋设技术

①单篱架。通常沿栽植沟的中线每隔4～6米架设一根立柱（如果搭建避雨棚立柱间隔最多4米）（图2-9）。在立柱上牵引钢丝。第一道钢丝应距地面至少60厘米，第一道钢丝负载量大，选用12号钢丝。第二道钢丝间隔30～40厘米，便于及时引绑萌发的嫩梢，以防风折。往上间隔40厘米拉一道，可用14号钢丝，2米高的立柱一般需拉3～4道钢丝。两端的立柱承受拉力较大，应选用较粗的立柱，埋设时要向外倾斜，并用锚石固定。若直立埋设则在内侧用支柱外撑，优点是不妨碍机械和车辆通行。

图2-9 单篱架

②V形架。通常沿栽植沟的中线每隔4米架设两根立柱，两根立柱分别向两侧倾斜70°～80°，立柱顶端可利用钢丝、木棍等短材固定，节约整材。其他结构和拉丝位置与单篱架相同。

③Y形架。通常沿栽植沟的中线每隔4米架设一根焊接好的Y形钢管立柱，Y形顶端可焊接弧形圆管，可作为避雨棚的骨架，也可以作为防鸟网的支撑架（图2-10）。Y形钢管立柱埋设时要用混凝土浇筑，混凝土最好高出地面10～20厘米，以延长钢管使用寿命。主架可选用3厘米×3厘米的方管焊接，弧形部分可用25米圆管连接。Y形架高度1.85米，直立底座60～80厘米，Y形顶端V形钢管相距1.2～1.5米，具体宽度要视行距宽度，两架顶端相

距不能低于60厘米。第一道钢丝拉在Y形三角上以内，两侧钢管上分别相隔40厘米、50厘米自下而上拉3～4道钢丝。

图2-10　Y形架+避雨

④双十字形架。结构由1根立柱、2根横梁和6道钢丝组成（图2-11）。柱距4米，行距不能小于2.5米，每根立柱捆绑2根横梁，下横梁长60厘米，架在离地面140厘米的立柱上，上横梁长100厘米，架在离地面180厘米的立柱上，如另用于避雨，横梁长度要根据行距再加长些，也可用钢丝横向拉设代替横梁，造价更低、更易操作。离地面100厘米立柱两边及两道横梁两端各拉一条钢丝，共拉6条钢丝。

图2-11　双十字形架及避雨棚

4. 棚架及其架设

（1）棚架的特点　棚架的架面及其所承载的叶幕与地面呈平行状态，葡萄在远离地面的平面上悬垂结果。棚架是观光园首选的一种架式，适应于各种地形，景观优美，场地宽阔，便于游人穿行、采摘、观光，一览无余的开阔视野也更利于园区对游客的管理。棚架是长势旺或强旺葡萄品种的理想架式，架面上容纳新梢数和有效叶比篱架多，能缓和树势，减缓枝蔓生长，节约劳力。棚架是生产优质鲜食葡萄的首选架式，葡萄果穗悬挂架下，不会有叶片及果粉磨伤，上色均匀，不易发生日灼病，结果部位较高，不易感染病害，冻害也相对较轻。棚架的缺点是枝梢管理及套袋较为不便，需要增加作业车架（图 2-12）。

图 2-12　棚架葡萄结果状

（2）埋设技术　棚架高一般 1.8～2.2 米，行距 4～6 米，在立柱顶端利用拉丝将立柱联结在一起，形成一个与地面平行的棚架面。架式结构：每隔 4～5 米设一个立柱，呈方形排列，立柱高 2.2～2.5 米。四周边柱较粗，呈 45°角向外倾斜埋入地内，并利用锚石使立柱和其上的牵引骨干线拉紧固定。骨干边线负荷较重，可用 5 厘米×5 厘米方管，内部骨干线用双股 12 号铁丝，其他纵横线、分布在骨干线上的支线用 12～14 号铁丝，支线间距离以 50 厘米为宜（图 2-13）。

图 2-13　棚架结构

5. 长廊设置

葡萄长廊是特指一种搭建在道路、停车场或景点的不同形状的棚架或篱棚架。

通常架面高 3 米左右，主干道或交通要道应根据通行车辆高度来确定架高。搭建材料一般选用钢材。长廊顶棚面有半圆形棚面、双梁弧形屋脊状棚面和平面棚面等。长廊棚面立柱一般用 50 毫米～76 毫米圆管或 6 厘米×6 厘米方管，间距 4～6 米；拱形弧面用 25 毫米圆管做主梁，连接立柱，形成主架，主架之间隔 1～2 米设一个副架；棚体连接用 3 厘米×5 厘米方管或 25 毫米～50 毫米圆管，焊接后形成长廊。根据选用的品种和树形在垂直面和平面隔 50 厘米拉一道钢丝，引绑新梢并造型。景点、道路回廊或营造小景等可用木制或其他材料搭建（图 2-14）。

图 2-14 长廊结构

四、设施栽培基础建设

葡萄设施栽培是将葡萄从传统的露地栽培转变成微环境下人为可调控的设施内生产管理，能有效降低多种自然灾害和病虫害对葡萄的影响，使葡萄果品质量得到提升。而暖棚栽培还能大幅度调整葡萄成熟上市时间，经济效益显著提高。

1. 连栋日光温室

（1）特点 连栋温室是两跨及两跨以上，通过天沟连接中间无隔墙的温室，采用透光覆盖材料为全部或部分围护结构，具有一定环境调控设备。连栋温室土地利用率高、室内机械化程度高、单位面积能源消耗少、室内温光环境均匀。

连栋温室主要用于克服不良天气条件，连栋温室栽培的葡萄与露地相比生长期长，生长量大，第二年就可以利用副梢结果；虽然果实的成熟期不会明显提前，但挂树时间相对较长，果实更加干净，色彩更加艳丽，商品性更强，观光采摘效果更好，更适合现代化葡萄观光园的发展（图 2-15、图 2-16）。

图 2-15 连栋温室

图 2-16　连栋温室葡萄结果状

(2) 搭建技术参数

选址：连栋温室建设应选择背风向阳的地块，丘陵山地及风口不宜建棚，否则遇大风棚膜及棚体易受损。

棚长与方向：连栋棚拱脊一般为南北走向，东西走向的棚夏季温度高，易发生气灼。如果是人工摇膜调控温度，棚长度以 30～60 米为宜；如果机械摇膜长度则可放长到 60～80 米。面积过大不利于温、湿、气的调控和热气的散发。

跨度与宽度：单栋跨度一般 4～8 米，约 10 个单栋组合为 1 个连体大棚，连栋温室的总宽度一般以 60～80 米为宜。

檐高：通常温室檐高为 2～3.5 米，在夏季气温很高的地区檐高过低影响快速通风降温。

脊高：脊高与跨度成正比，增加脊高加大弧度可提高抗风、抗雪的能力，脊高与跨度的比值以 0.5～0.6 为宜。

通风：设置连栋温室的通风系统是为了降温、排湿、换气等。通风效果由两个方面决定：首先是上通风口的宽度和四周通风裙膜的升降高度，为了通风好，设计时尽可能地加宽上通风口和加大四周通风裙膜的升降高度。一般上通风口宽度 1～1.2 米；裙膜升降通风高度 2～2.5 米。其次是棚体的长度和宽度，地势低洼及四周有遮挡而通风不良的环境，设计时要尽量缩小棚的长度和宽度；通风好的环境可以适当增加棚的长度和宽度。对于在夏季高温时段通风不良，造成持续高温的连栋棚，可以采取强制通风措施，在上通风口处安装环流风机，使棚内湿热空气流动得更加充分。功率30瓦的环流风机风量840米^3/时、功率50瓦的环流风机风量为2 230米^3/时，根据具体情况确定安装环流风机的数量、高度和位置。

(3) 连栋温室的建造材料 以下内容以NSL（B）-80型连栋大棚为例。

规格尺寸：跨度为8米、肩高为2.4米、圆弧顶高为4.2米、中柱间距为4米、边柱间距为1.33米、拱间距为0.8米。

基础：全部为点式基础，柱礅浇注60厘米深混凝土，高出地平面10厘米。

大棚主体骨架：采用热镀锌钢管及钢板，轻钢结构。

立柱：外径60毫米×厚2.5毫米×长2.4米热镀锌钢管，主立柱底板采用厚度为4毫米的热轧钢板。

横梁：外径40毫米×厚2.2毫米×长7.94米热镀锌钢管。

拱杆：外径25毫米×厚1.5毫米×长8.90米热镀锌钢管。

斜撑：外径32毫米×厚1.9毫米×长4.25米热镀锌钢管。

雨槽：采用厚度为1.9毫米冷弯热镀锌钢板，一端设置110毫米直径PVC下水管，雨槽坡度为5‰。

覆盖材料：大棚顶部及四周采用单层长寿棚膜、无滴膜或PO膜，膜厚为0.12～0.14毫米，采用0.7毫米热镀锌卡槽和塑包卡丝固膜。

每平方米投资55～70元。

(4) 栽植方式 连栋温室宜采用顺行龙干形和T形龙干形，不宜采用篱架栽培，以免影响棚内温度调控和散热。

(5) 注意事项 连栋温室建造面积不宜超过20亩，面积过大棚内温度难以调控，中间棚温高，发芽早，夏季热害严重；棚体过长，覆膜、摇膜困难，加大棚温调控难度。

两连栋棚之间的间距至少5米，距离过小不利于通风，也不利于夏季排水。

连栋温室大棚排水系统要完善。要在温室前后各挖一条东西走向的排水沟，排水沟的宽度和深度以让棚面流下的水及时流出为度，防止造成积水。

2. 日光温室

日光温室又称暖棚，后有保温墙体或有保温材料填充，前有良好的采光屋面，有保温和蓄热能力，上部覆盖一定厚度的保暖棉被或草苫（图 2-17）。日光温室适用于冬季进行葡萄促早栽培或延迟栽培以提高葡萄的经济收益，同时也可以间作其他错峰成熟的产品如草莓，延长园区对外开放日，因此观光园可以少量建造，具体搭建技术参数可参照相关专业书籍。

图 2-17　日光温室

五、配套植被景观

葡萄观光园在配套植被选择上要避免栽植过多的园林绿化植物。园区除防护林选择绿化乔木外，其他空间应种植果树为主。打造葡萄综合园区需要时间和耐心，不要急于求成，应分期分批做起，一方面缓解一次性投资压力，另一方面也不会因过于匆忙而留下遗憾。在选择绿化植物景观时，一定要考虑植物的可观性与可食性，做到“春赏花、夏乘凉、秋品果、冬观形”。

1. 防护林 防护林可以减缓风速，抵御大风侵袭和沙尘，减轻霜冻和病虫害带来的影响，从而改善葡萄观光园的生态条件。一般林带间距300～400米，小型园区环园四周栽植即可。

园区的防护林树种选择，乔木要树体高大，枝繁叶茂，抗逆性强，不串根，与葡萄无共同的病虫害、无相克的化学物质。如白蜡、银杏等适于作为河岸护堤树和高干防护林，樱花树较矮，可在防护林内侧，有较好观赏性；而杨树、椿树、榆树、柏树等都有和葡萄相克的虫害，在葡萄园附近种几株榆树，会导致全园毁灭；洋槐是椿象最喜欢的寄主树，花椒、桑树则是天牛的栖息树，而椿象与天牛是葡萄上最不易防治的害虫。

2. 果树配置 配套果树仅仅是点缀，果树种植比例控制在10%以内为宜。搭配果树能做到收支平衡就不错了，很难有较大盈利。果树种类多，管理技术要求不同，物候期也参差不齐，用工多，病虫多，管理不及时往往容易荒芜。把观光园做成百果园是很多农业园区在规划建设中所犯的错误。

在葡萄观光园道路两旁，山坡及道路回旋空地等相应的位置，可以栽植可食性果树作为点缀，营造园区小景。各种果树树种需要单一种植，可独立命名如青苹园、苹安园、伊甸园、梨园春、结义园、杏林苑等；同时还要培养不同的树形，设计不同的卡通图形标识装饰。树种选择上要避免与葡萄相克的树种如核桃，部分推荐种类如下。

（1）桃树 食用品种按成熟期排序，从5月中旬至10月上旬依次为：春雪、中油蟠5号、霞脆、中桃5号、中蟠11、映霜红等。

（2）观赏桃 主要品种按花期排序，从3月上旬至4月中旬依次为：探春、迎春、报春、满天红、红叶桃、人面桃、菊花桃等。

（3）樱桃 樱桃是园区果树搭配的主要树种之一。主要品种有：红灯、美早、早大果、莫利、萨米特等。

（4）梨树 梨树是与葡萄搭配的传统果品，适用于道路绿化或小区域种植。适宜品种如翠玉，早酥红梨等。

（5）柿树 树体高大，秋季果艳叶红，冬季红果满枝，季相变化明显，柿子果实变化多样，其中磨盘柿、花扁柿、黑柿等特色品种具有更高的观赏价值。

（6）苹果树 苹果文化底蕴深厚，苹果树易于造型，适合道路，行头绿化。休息凉亭或桥涵廊架四个方位各种植一棵苹果树，取名“苹安亭”“四季平安”。可选择早熟以及中熟品种如乙女、鲁丽等。

3. **灌木与花卉** 矮桩灌木与花卉占地不能太多，只是种植在高干果树下或路沿，利用边角碎地、沟坡、亭台建筑周边，起到景点连接、点缀的目的，也可以作为小区域内的分割绿化墙。

可以选择能观花、品果或有药用价值、保健功能的灌木树种与花卉。如能采摘食用的蓝莓、无花果、欧李（钙果）等，能赏花和有药用价值、保健功能的金银花、金针菜、杭白菊、牡丹、玫瑰等。

花卉一般选择当年生和多年生组合，如：金鸡菊、波斯菊、洋甘菊、万寿菊、五彩石竹、月见草、虞美人、鸡冠花、大丽菊、蜀葵、向日葵等。一般设计在沟坡、防护林下、灌木绿化空间和容易生杂草的空闲地里，起到美化环境的作用。

4. **蔬菜** 合理搭配种植部分时令蔬菜，既满足园区员工餐厅需要和供游客家庭采摘与用餐需求，也可以作为游客亲自体验种植的“QQ 农场”。蔬菜面积种植比例根据园区具体情况而定，以达到满足用餐需求的原则，可种植在餐厅附近，方便采摘管理。

以蔬菜瓜果的群体美、个体美为基础，建成一个分类清晰、环境清新、有安全概念的蔬菜瓜果园，吸引游客观光、采摘。

可在蔬菜园区的入口处、道路旁，充分利用具有攀缘性的蔬菜瓜果，以钢管或竹木为骨架做成长廊或者各种立柱、三角锥等几何立体性状，让蛇瓜、丝瓜、葫芦等攀缘缠绕植物攀缘自然成形。

5. **葡萄草莓立体种植**

园地准备：9 月下旬至 10 月上旬结合设施葡萄施肥，做好施

肥、翻耕、整地、起垄工作。葡萄棚架行间亩施有机肥 4 吨。

秧苗定植：草莓栽植采取一年一栽制，每茬都要栽新的秧苗。栽种选用无病虫并具备 5～6 片正常叶，叶柄粗短不徒长，根系多而粗白的壮苗。9 月下旬至 10 月上旬定植，栽植时将秧苗弓背（花序着生方向）朝向垄沟方向，以便于花果管理，栽植深度以“上不埋心，下不露根”为宜。为方便游客采摘和便于管理上部葡萄，应加大垄距（图 2-18）。

管理：葡萄扣棚升温的同时草莓也要及时覆盖地膜，覆盖黑色膜可减少生草和提高地温。草莓温度调控依从葡萄温室管理。

图 2-18　葡萄草莓立体种植

第二节　葡萄观光园品种与苗木选择

一、葡萄品种选择

1. 品种选择原则　因地制宜选择合适的品种是栽种葡萄的最基本原则，这也是保障观光园获得人气的最主要方法。按当地人群口味的需求与喜好选择不同果色、不同果形及不同风味的品种；按不同成熟期合理搭配品种，早、中、晚熟葡萄比例掌握在6∶3∶1，以早熟品种为主。因为价格和销量最好的时候是从6月开始，采摘人气最高为7～8月（暑期）。葡萄的成熟度决定了风味与香气，早熟品种延迟采摘，增强了葡萄的口感，才能留住游客，才能与果品市场有所区别，给游客一个来观光园的充足理由。葡萄观光园采摘不同于水果市场销售，园区就是固定的店铺，葡萄口味差，口感不好，就没有回头客，如果是“大路货”，会使游客扫兴而归，游客的思维就是花钱买个乐趣，能够让他们来的理由，不仅要环境好，更要有外观靓丽，口味独特的优质葡萄。

葡萄品种搭配误区：一是片面追求比例，刻意增加中晚熟品种的种植面积，不仅管理成本增高，还造成后期采摘销售困难。市场已经进入大流通时代，秋季南北各类水果大量进入市场，使得晚熟葡萄“有行无市”。二是片面追求品种齐全，不少葡萄观光园认为品种越多越好，搞得像个资源圃。品种过多的主要困难是栽培管理，往往几个品种没有管理好烂掉了就会影响整体形象，还会增加病虫害传染的风险。

2. 不同栽培模式对应的品种选择 根据栽培模式选择葡萄品种。对每个品种要进行综合客观地评价，选择具有优良品质的品种，针对其存在的缺点，通过不同的栽培模式和加强田间管理加以改善，使之变得更为优良。露地栽培选择品种则要考虑当地气候条件的制约因素，主要是温度和降水。

（1）露地栽培品种选择 露地栽培是葡萄最基本的生产方式。露地栽培品种应选择抗病性较强的欧美杂交种葡萄品种，如蜜光、脆光、夏黑无核、巨玫瑰、摩尔多瓦、香百川等。

（2）连栋大棚设施栽培品种选择 由于植株基本不与外界雨水直接接触，其生长发育的环境得到改善，那些在露地不容易种植成功的优良欧亚种品种，例如一些不抗病的品种，一些果形奇特的品种如美人指、金手指、金田美指等都可以成功栽培，甚至是那些有缺陷的品种，如一些在露地栽培时有裂果倾向的优良品种，在规律供水的条件下，也可以在设施内表现出品质优异的特点，如：碧香无核、夏黑无核、阳光玫瑰、圣诞玫瑰、瑞都科美、无核翠宝、脆光、蜜光等。

（3）日光温室栽培品种选择　促早栽培，应选择需冷量低、耐弱光、花芽容易形成、坐果率高、散射光着色良好、果实生长发育期短的早熟、极早熟品种。适合这一条件的优良品种有早霞玫瑰、碧香无核、夏黑无核、早黑宝、瑞都红玉、无核翠宝等。

延迟栽培，可选择晚熟、挂果时间长的葡萄品种，如红地球、圣诞玫瑰、红宝石无核、阳光玫瑰等；亦可利用一些葡萄品种如瑞都科美、蜜光、脆光等，能分生二次果的特性，延长供应期。

二、抗性砧木选择

1. 抗性砧木的前世今生　葡萄根瘤蚜（*Daktulosphaira vitifoliae* Fitch）是存在于美国河岸葡萄根部的专性寄生性害虫，19世纪中叶随着引种传入欧洲，彻底摧毁了欧洲自根系葡萄栽培体系。由于农药等不能消除隐藏在土壤-根系里的根瘤蚜，以法国、德国为首的葡萄主产国又从美国引进抗根瘤蚜的野生美洲种葡萄，开展了长期的抗根瘤蚜砧木育种。主要利用3个抗根瘤蚜的美洲种葡萄即河岸葡萄（*V. riparia* L.）、沙地葡萄（*V. rupestris* S.）、冬葡萄（*V. berlandieri* P.）进行杂交，选育出了几十种适应不同土壤和气候条件的抗根瘤蚜砧木（简称抗性砧木）。其中，河岸葡萄-沙地葡萄杂交组合的主要砧木品种为101－14M、3309C。河岸葡萄-冬葡萄杂交组合生产上使用最多的有9个砧木品种：420A、161－49C、34EM、SO4、5BB、8B、5C、125AA、RSB1等。沙地葡萄-冬葡萄杂交组合常见品种为99R、110R、775P、140Ru、1103P。进入20世纪世界葡萄生产已经由自根扦插繁殖基本转变成为抗根瘤蚜砧木嫁接繁殖。

2. 如何选择抗性砧木品种

（1）抗葡萄根瘤蚜是首要考虑因素　1892年葡萄根瘤蚜因从欧洲引苗传入山东烟台、陕西杨陵，辽宁盖县等地，后因战乱葡萄园荒芜而销声匿迹。自2005年中国再次报道在上海马陆发现葡萄根瘤蚜后，南北方多个省份都因为种植了带有根瘤蚜的苗木而发生根瘤蚜危害，因此，在根瘤蚜危害高风险的产区，选择砧木的首要因素是抗根瘤蚜，其次是气候适应性，再次是土壤适应性。没有根瘤蚜风险的产区完全可以采用自根苗，但要严防死守防止引入根瘤蚜。

（2）根据主要气候限制条件选择抗砧 我国北方严寒地区选择抗寒砧木以减少越冬防寒成本是大多数人的考虑。所有抗性砧木根系的抗寒性都优于欧亚种及欧美杂交种品种自根系。鉴于中国冬季干旱少雪，需要深根性砧木物理性躲避冻土层。山葡萄是抗寒性最强的中国原生种，但不抗根瘤蚜；河岸葡萄是美洲种中抗寒性最强的类型，值得一提的是，贝达带有河岸葡萄的血统但也有欧亚种亲缘关系，因此也不抗根瘤蚜，而且其带毒率高，用做嫁接品种后容易传播卷叶病毒，在西北地区容易发生缺铁性黄化。

在干旱地区或季节性干旱地区，特别是灌溉水源紧缺的葡萄园，建议采用深根性的抗旱砧木如110R、140Ru、1103P等。

所有抗性砧木的耐涝性都远远高于欧亚种自根系。在南方地下水位高、降水量大、容易发生涝渍的葡萄园，需要采用河岸葡萄杂交系列的耐涝砧木，如SO4、5BB、3309C、101－14M等。

（3）根据土壤主要限制因素选择砧木 国外栽培葡萄主要土壤的限制因素是石灰质土壤，在抗根瘤蚜砧木中耐石灰质能力比较强的是110R、140Ru、1103P。中国土壤的一个重要限制因素是盐碱，但目前耐盐碱砧木品种比较缺乏，砧木中比较耐盐碱的是1103P及1616C。

此外，中国栽培葡萄的土壤以瘠薄地比较多，耐瘠薄的砧木以深根性砧木如110R、140Ru、1103P及Gravesac为主。

（4）根据品种成熟期及生长势选择砧木 不同来源的砧木品种嫁接同一个品种后也将影响品种的树势、成熟期及品质，因此选择砧穗组合的最后一个考虑因素就是对生长的影响。一般来说，早熟品种需要对应导致早熟的砧木品种，如101－14、3309C、420A

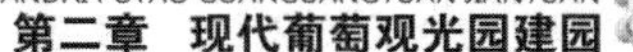

等；相反，晚熟品种不能选择导致早熟的砧木品种，以免后期根系水肥供应不上，特别是延迟采收的，最好选择生长期长的砧木品种，如110R、140Ru、1103P；生长弱的品种如黑巴拉多，需要树势较旺的砧木品种，如5BB优于SO4；而生长势旺的品种，用3309C这样的弱势砧木支撑不足，最好选择中庸偏旺的砧木。在酿酒葡萄上为了控制产量提高葡萄酒质量，往往采用生长势中庸的砧木。

三、苗木类型与质量

1. 选择苗木的质量标准 葡萄苗木质量不仅关系到建园成败，还持续影响着观光园的投资回报和经济效益。一株优质葡萄苗木应包括：第一，健康，即不携带造成毁灭性危害的重要害虫如根瘤蚜、根结线虫，不携带明显的微生物病害，如根癌菌、枝干白腐病、溃疡病等，不携带重要病毒如卷叶病毒等；第二，健壮，即植株根系发达，枝干粗壮且成熟，冬芽饱满，嫁接苗接口结实并完全愈合，用手掰折不会轻易折断，至少达到国家制定的葡萄苗木行业标准质量；第三，砧穗组合匹配科学，适应当地的生态条件。

2. 苗木类型 目前商品性流通的葡萄苗木分为自根苗和嫁接苗。自根苗是用扦插方法繁殖的苗木，嫁接苗是将葡萄品种的枝或芽接到砧木品种的枝干上，接口愈合长成植株（图2-19、图2-20、图2-21）。

采用品种自根苗建园是中国传统生产模式，这种方式繁殖容易，价格低廉，在没有根瘤蚜和根结线虫的地区仍然可以继续使用。但自根苗的生态抗逆性明显弱于抗性砧木，因此，对于有生态胁迫的葡萄园还是建议使用抗性砧木嫁接苗。

用抗性砧木的根系替代栽培品种的根系，以弥补栽培品种对根瘤蚜和根结线虫的敏感缺陷，同时增强整体植株的生态适应性。

适宜鲜食葡萄观光园建设推荐使用的抗性砧木嫁接苗包括一年生嫁接苗及砧木苗。

图 2-19　硬枝嫁接营养钵苗床

图 2-20　一年生嫁接苗育苗圃

图 2-21　高位绿枝嫁接

一年生砧木嫁接苗是在室内利用嫁接机将一段砧木嫁接一个节的品种枝芽，经过温室内愈合、生根等复杂程序，选择愈合好的插条，再扦插到地里培育成苗，落叶后即可开始起苗，经过分级包装储藏等，最终销售到种植者手上。这种苗木保存期长，可长距离运输，既可以秋栽也可以春栽，储藏营养多，种植后生长旺盛，是观光园推荐的类型。此外，有关砧木长度的要求，与冬季防寒需求有关，在不需要埋土防寒的地区建议 28 厘米以上，需要埋土防寒的地区砧木长度最好达到 40 厘米。

为了进一步发挥砧木的抗性作用，可购买或自育砧木扦插苗，按照株行距定植到田间，翌年 6 月再进行品种的绿枝高接，这种方式成形快，可用于繁殖稀缺品种，绿枝接穗来源方便，适宜于生态胁迫因素较多或土壤瘠薄的地区。虽然砧木苗本身成本较低，但还要考虑嫁接成本及嫁接后的抹芽等管理成本。

葡萄观光园树形培养

对于现代葡萄观光园来说，树形整齐、美观、有利于品质是需要考虑的重要因素。露地葡萄生产选择树形，需要考虑多方面因素，特别是制约因素，包括气候条件、土壤条件、品种习性以及机械化程度等。立地生态条件制约因素多的，如寒冷、干旱、土壤瘠薄等，适宜采用篱架小树形；如果气候适宜、土壤肥沃、品种树势壮旺的，可以采用棚架的各种树形，甚至是大 H 形。

第一节　篱架树形培养与整形修剪

一、单干双臂直立叶幕

1. 基本结构　干高 60～80 厘米，两个主蔓沿着第一道铁丝南北水平延伸，形成 T 形骨架；主蔓上每 20 厘米配备一个结果枝组，结果枝组上保留 2 个结果母枝，结果枝垂直向上生长，形成直立垂直叶幕。该架势主要适宜于不下架的地区以及树势中庸的品种。

2. 整形修剪

栽植当年：苗木萌芽后选留一个生长健壮的新梢，拉吊绳引绑，让其直立沿着架面向上顺绳生长。当新梢长至第一道铁丝以下 5 厘米时，进行主梢摘心，留顶端 2 个副梢向上引绑，新梢（副梢）超过顶端铁丝以上 2 叶时，主梢摘心。顶端铁丝以下、第一道铁丝以上，新梢上萌发的副梢连续 1 叶摘心；顶端铁丝以上连续 2 叶摘心。冬季修剪时，在当年生枝上剪口粗度 0.5～0.8 厘米处修剪或在第一道铁丝以上，两枝的高度与株距 1/2 的位置剪截。副梢枝留 1 芽修剪。枝条粗度不足时，可适当回缩，甚至留两个芽回缩至基部重发。

栽植第二年：春季萌芽前（伤流期）将留下的 2 条结果母枝，左右平绑于第一道钢丝上，形成双臂，或缠绕在第一道钢丝上，以后结果母枝（臂）免于绑缚。选留新梢按距离垂直向上生长，冬季修剪时，每 20～30 厘米留 1 个结果母枝，结果枝留 2 芽修剪或视品种而定。

栽植第三年：春季萌芽后，每个结果母枝留两个新梢，在第二道铁丝上等距离绑缚，小粒（小叶）品种间距 10～12 厘米；大粒（大叶）品种间距 15 厘米。垂直沿架面绑缚；冬季修剪时，每个结果枝组留 1 个枝（单枝更新），进行短梢或中梢修剪，若为中梢修剪应在基部留 1～2 芽的预备枝 1 个，其余按 4～6 芽修剪。

二、Y 树形 V 形叶幕培养

1. 基本结构　观光园主要推荐单干双臂 Y 树形 V 形叶幕。其基本结构：干高 50 厘米以上，两个主蔓沿第一道铁丝南北水平延伸，其上每 10 厘米配备一个结果枝组，结果枝组上保留 2 个结果母枝，结果枝分别向两侧倾斜向上生长，形成 V 形叶幕。行距 2.5～3.5 米，株距 1.0～1.5 米，该架式主要适宜于不下架防寒的地区以及树势中庸偏旺的葡萄品种。

2. 整形修剪　栽植苗木萌芽后选留一个生长健壮的新梢，拉吊绳直立引绑。当新梢顺绳长至第一道铁丝以下 5 厘米时，进行主梢摘心，留顶端 2 个副梢；2 个新梢（副梢）长至约 30 厘米时，将新梢平行绑缚在第一道铁丝上，当新梢延长至和相邻一株上的新梢重叠或对接后摘心。摘心后的新梢上，萌发的副梢分别左右倾斜绑缚在 Y 形架铁丝上。副梢延长生长，超过顶端铁丝以上 2 叶时，主梢摘心，以后连续 2 叶摘心。在副梢上萌发的三次梢连续 1 叶摘心或去除。冬季修剪时主蔓上的副梢根据品种成花特性留 1～4 芽剪截。该培养要点是利用多级副梢当年完成整形，因此，需要品种有强旺的树势和充足的肥水。

栽植第二年：春季萌芽后每个结果母枝留1～2个新梢，新梢间距视品种而定，在Y形架第二道铁丝上等距离绑缚。冬剪时每个结果枝组留1个枝（单枝更新）进行短梢或中梢修剪，若为中梢修剪应在基部留1个预备枝短截，其余按4～6芽修剪。

第二节　露地棚架树形及培养方法

一、传统龙干形水平叶幕

1. 基本结构　主干垂直高度1.8米，株距2～3米。主蔓沿与行向垂直方向水平延伸。每个定植沟定植1行（行距3～4米），或2行（行距6～7米）新梢对爬；新梢与主蔓垂直，在主蔓两侧水平绑缚呈水平叶幕，适于采取小型平棚架。需要埋土防寒的地区，培养主干高出地面20厘米左右，然后与地面呈15°～20°倾斜角似鸭脖状与地面平行逐步弯曲上扬（图3-1）。

图3-1　基部弯曲便于埋土或覆盖防寒

2. 整形技术　埋土防寒地区，定植时苗木沿垂直行向倾斜栽植，与地面成45°角，将新枝弯曲向上引缚到立架面和平棚架面上，其他管理同下。非埋土防寒地区，定植当年萌芽后每株选留1个生长健壮的新梢做主蔓，将新枝直立引缚到立架面和平棚架面上。当长至2.0米以上或8月初时摘心，顶端1～2个副梢留2～4片叶反复摘心，其余副梢1～2叶连续摘心。冬剪时，主蔓剪截到成熟节位，一般剪口粗度0.8厘米以上。

第二年春萌芽后，每条主蔓选一个健壮新梢作为延长梢继续培养为主蔓，或沿与行向垂直方向水平延伸或沿顺行方向水平延伸，当其爬满架后或8月初时摘心，控制其延伸生长。对于长势强旺的品种可利用副梢培养为结果母枝，加快成形，一般留6～7叶摘心，其余新梢水平绑缚。冬剪时，主蔓延长枝剪截到成熟节位，一般剪口粗度0.8厘米以上；对于利用副梢培养结果母枝的品种，主蔓上的副梢根据品种成花特性留1～4芽剪截；主干上1米以下枝条全部疏除，1米以上一年生枝根据品种成花特性按同侧15～30厘米间距剪留，并进行短梢或中梢修剪。

第三年春萌芽后，每一结果母枝上保留1～2个新梢水平绑缚，多余新梢抹除，使新梢同侧间距保持为15～20厘米。如主蔓未爬满架，仍继续选健壮新梢作为延长梢，当其爬满架后摘心，控制其延伸生长，整形修剪同上。冬剪时，主蔓根据品种成花特性同侧每隔15～30厘米选留一个枝组或结果母枝，根据品种成花特性进行短截。枝组修剪采取双枝更新，按照中短梢混合修剪手法进行，结果母枝修剪采取单枝更新，一般剪留1～2个芽。以后各年主要进行枝组的培养和更新。

二、顺行龙干形水平叶幕

1. 基本结构　栽植密度：株行距（1～2）米×（3～4）米。架高1.85～2.0米，干高1.65米，主蔓垂直行向（南北行向），骨架为鱼刺形。新梢均匀绑缚在铁丝上，间距15～20厘米，新梢摘心长度约2米，50片叶左右。该架式既适合下架埋土的葡萄园，也适合不下架的葡萄园。不下架地区主干直立，下架地区苗木种植时需顺行与地面呈20～45°角斜栽（图3-2）。

2. 整形技术　第一年培养主干，待主干长至1.65米左右时顺着铁丝绑缚，下架防寒地区注意将主干新梢下部分弯曲倾斜绑缚，长至与下一株主干部位交叉时，进行主梢摘心。摘心后萌发的副梢，每生长4～5叶进行一次摘心，副梢每次摘心后只留前端1个副梢，后面去除。冬剪时副梢均留2芽短截。

第二年培养结果枝组，每隔 15 厘米左右留一新梢垂直主干绑缚在铁丝上，长至 2 米左右摘心，所有副梢长至架面郁闭后统一剪除。冬剪时根据品种结果习性短枝或中短枝修剪。第三年进入丰产期，对固定结果母枝进行短枝修剪更新。

图 3-2　顺行龙干倾斜向上

第三节　温室葡萄树形及其构建

温室栽培克服了各种生态制约因素，因此选择树形主要考虑品种习性，观赏性及栽培管理技术，因此，观光园推荐选择各种大棚架树形，其培养参数无论日光温室还是冷棚均可以参照使用。

一、连栋温室葡萄主要树形与整形修剪

1. 高干 T 形水平叶幕

(1) 基本结构　利用连栋温室单元棚连接的立柱作为定植行，葡萄苗木南北行定植于立柱之间，干高 2 米，株距 2～3 米，行距 4～8 米。棚内两臂即主蔓横向延伸，形成高干 T 形（图 3-3）。在每行立柱 1.8～2 米高处用铁丝或用钢管顺向连接，作为横向铁丝的承重梁，防止铁丝下垂。架面铁丝顺两臂方向横向固定，间隔 40～50 厘米拉一道铁丝，新梢顺向相对绑缚，平面结果。

(2) 整形技术　栽植当年，每株留 1 个健壮新梢向上引绑，生长至横向铁丝 10 厘米时，进行主梢摘心，留顶端两个副梢，分别

左右向铁丝上绑缚或缠绕，当新梢延长至棚距中间或 8 月初摘心，摘心后萌发的副梢，分别左右绑缚在横向铁丝上，每生长 4～5 片叶，摘一次心，只留前端一个副梢延伸。冬剪时两臂结果母蔓上，副梢留 1～2 芽修剪。在连栋温室里正常管理，当年能完成整形。

第二年萌芽后，两臂结果母蔓上留 1～2 个新梢水平绑缚，多余新梢抹除，使新梢同侧间距保持为 15～20 厘米，当新梢与相对新梢交叉时，控制新梢生长，连续 2 叶摘心。冬剪时，每节留 1 个结果母枝，根据品种特性留 2～4 芽修剪。以后管理同上。

图 3-3　高干 T 形

2. **顺行棚架小 V 形**　顺行棚架是葡萄观光采摘首选的树形之一，也是一种比较省工省力的树形（图 3-4）。果穗挂果位置适宜，

图 3-4　顺行棚架

平胸采收，不会给游客造成疲劳感；结果部位同一高度，形成一条由葡萄组成的线条，给游客采摘带来愉悦的美感体验。

(1) 基本结构 干高1.65米，株距2～3米，行距4米，主蔓与地面平行并顺棚向延伸，上面左右均匀分布基部斜生结果枝，主蔓与结果枝呈小V形。

第一道铁丝固定在立柱1.65米处，顺棚向南北拉铁丝，用于固定主蔓结果母枝；在1.85米处，东西横向拉一道钢丝或用钢管连接，作为南北顺向铁丝的承重梁；在1.85米处的承重梁上，于立柱两侧20～30厘米处，南北顺向各拉一道铁丝，剩余空间相距40～50厘米，均匀拉上铁丝。

(2) 整形技术 栽植当年，每株留1个健壮新梢向上引绑，当新梢生长超过第一道铁丝（1.65米高度）50厘米时，每个新梢顺行同一个方向平缚在铁丝上，当新梢延长至前一株葡萄位置时摘心，摘心后萌发的副梢，分别左右倾斜向上均匀绑缚在1.85米处的铁丝上并摘心，顶端留1个二次梢，向前延伸；副梢每生长到铁丝时绑缚后摘心，留1个二次梢继续向前延伸。冬剪时，主蔓上的副梢进行中短梢修剪。在连栋温室里，一般当年即完成整形。

3. H形大棚架

(1) 基本结构 H形树形有1个主干，2个主蔓和4个构成H形框架的侧主蔓，主干高1.8～2.0米，沿树行左右分别培养2条长5～6米左右的侧主蔓，同方向侧主蔓间距3～4米；在侧主蔓两侧交互培养结果母枝，同侧结果母枝间距15～20厘米；每节留1个短梢结果母枝。

葡萄水平网架采用钢丝搭建，高1.8～2.0米，网格为30厘米×30厘米，水平网架为一个整体棚架（图3-5）。根据连栋温室的棚体结构，在每个单元（6～8米）棚中间种植1行葡萄。可适当密植，株距初为2～4米，间伐后6～8米。在2～4年内，随着树冠不断扩大，当树冠之间交叉时，采果后间伐，既扩大树冠，又保持树势稳健。

H形水平架具有通风透光，缓和树势，修剪简便，计划定产的优点，是有利于提高品质的树形之一。随树冠的扩大树干也迅速增粗，吸引游客争相与葡萄大树合影。

图 3-5　葡萄 H 形大棚架

（2）整形技术

①春季葡萄苗定植后，为每株葡萄苗拉引绑绳或立竹竿，作为葡萄新梢向上引绑的附着物。选留 1 个健壮的新梢向上引绑，作为 H 形的主干。

②当葡萄苗木主干生长到达水平棚架架面上时，进行新梢摘心，只留靠近架面的 2 个一次夏芽副梢，下面副梢去除。并以一字形方式将 2 个一次夏芽副梢左右绑缚于架面铁丝上。

③当 2 个一次夏芽副梢各生长到达单元棚的 1/4 时（1.5～2.0 米），进行摘心，只留前端 2 个二次夏芽副梢，其他去除。并将两侧二次夏芽副梢，按与一次夏芽副梢生长方向垂直引绑，以一字形方式将 2 个二次夏芽副梢顺行左右绑缚于架面铁丝上，形成 H 形。

④当两侧 2 个二次夏芽副梢，各生长到与邻近二次夏芽副梢交叉时，进行摘心。萌发的三次副梢，左右引绑，3～5 叶连续摘心，每次摘心后只留前端一个副梢，其他去除。

通过上述 4 个步骤，H 形状已经形成。冬季修剪时，根据品种的成花习性，确定二次夏芽副梢的剪留长度与粗度，作为结果侧蔓培养。如果当年未成形，来年继续向前延伸培养。二次夏芽副梢上的三次副梢，留 1～2 芽修剪，形成固定结果母枝。

(3) 冬剪和夏剪 H形树形采用单枝更新，冬季侧主蔓每节保留1个结果母枝，留1～2芽进行短梢修剪，其余枝蔓剪除。翌年萌芽后，每个结果母枝留1～2个结果新梢，每梢留1穗果。

夏季，当两侧结果枝新梢相对接后连续摘心。其余副梢抹除。

二、冬暖温室龙干树形及其整形修剪

冬暖温室可以选择的树形很多，除了传统的篱架直立叶幕、V形叶幕外，近年推广省工又有利于观光采摘的各种棚架树形如T形、H形等（具体可参照前面的相关介绍）。棚架栽培以东西行向为宜，光照均匀，成熟期一致，也便于机械行走操作。在这里仅介绍一种龙干树形。

(1) 基本结构 在冬暖温室前沿东西种植一行葡萄，株距2～4米，于棚角低矮处，由南向北爬升，母蔓上着生结果母枝，形成“龙干形”（图3-6）。新梢与母蔓垂直延伸，平面结果。间隔3～4米东西向拉铁丝或用钢管连接，作为南北铁丝的承重梁；间隔30～40厘米南北拉铁丝，用于引绑新梢。可利用限根栽培技术，在温室前沿东西方向用砖砌宽80～100厘米、高80厘米或高出棚外地面20厘米的限根栽培槽，红砖白缝，这种方式也适应于下洼式冬暖棚，既解决了半地下冬暖温室地下水位上升的问题，又能给园区增加观光景点。

图3-6 温室单侧龙干形

(2) 整形技术 栽植当年，选留一个生长健壮的新梢向上引绑，当新梢生长至棚面高度时，新梢平行向北面爬升引绑或缠绕，

新梢延长至北墙时摘心，摘心后萌发的副梢与主梢垂直引绑，副梢每生长4～5叶摘心一次，摘心后只保留前端1个二次副梢向前引绑。棚面以下主干上萌发的副梢去除；冬剪时，结果母蔓上的副梢留1～2芽修剪。在冬暖温室里当年就能完成整形。

第二年萌芽后，结果母蔓的每节结果母枝上，留1～2个新梢，新梢同侧间距保持15～20厘米。新梢与母蔓垂直延长至株距中间时连续2叶摘心，限制其向前延伸。冬剪时每节留1个结果母枝进行短梢或中梢修剪。以后管理同上。

第四节　观光长廊树形及培养方法

一、长廊适宜树形及品种搭配

1. 长廊树形基本结构　以3株为1个组合，由3个不同高度的厂字形组成。株距1～2米，立柱上第一道拉丝距地面1米，以上及棚面隔40～50厘米拉1道铁丝。厂字形结果母枝每隔一道铁丝（约1米），平行一条同一方向的结果母枝，形成上、中、下3条结果母枝带，发出的新梢等距离垂直向上生长，成为3条不同高度的结果带，每个结果部位都各自分布于一条线上的绿色长廊（图3-7）。

3株组合适合路面宽4～6米，如路面宽度超过6米可做4组以上组合，整成T形组合架。

图3-7　组合树形长廊

2. 长廊品种组合

(1) 单一形品种 开放式露天长廊可采用鲜食加工兼用品种，如摩尔多瓦及其改良的厚皮杂交后代，有酿造条件的观光园可采用酿酒品种如香百川。封闭式或有避雨设施的长廊可采用抗性较强、管理省工、挂树性好的欧亚种品种。

(2) 品种混搭组合 以3株为一个组合，由3个不同高度的厂字形组成。葡萄品种可以选3个，要选择中晚熟抗性强、生长势旺、不同颜色的品种，延长挂果期增加观光效果。3株为一组，自下而上1、2、3排列，如：第一株，夏黑无核，紫黑色，距地面1米，位置低，方便花穗处理；第二株，阳光玫瑰，黄绿色，距地面2米，也方便处理；第三株，摩尔多瓦，蓝黑色，距地面3米，位置高但该品种不用处理。

3. 长廊树形整形方法 第一年栽植后，拉引绑绳，底部固定于葡萄苗第一芽下，上部固定于离地面1米的铁丝上。萌芽后，去除苗木上萌发的第一芽，选留下面一个生长势好的新梢作为主干。

(1) 第一株 当新梢延长至距地面1米的第一道铁丝以上30厘米时，按统一方向将新梢平缚或缠绕在铁丝上，铁丝以下萌发的副梢去除，新梢平行后萌发的副梢向上引绑，当副梢生长到上面铁丝时，绑缚后摘心，只留顶端一个二次副梢，继续向上引绑，新梢每伸长到上面铁丝时，用同样方法处理。平行后的新梢继续向前延伸，生长到和下一组的第一株主干交叉后摘心，当年没有完成整形，第二年继续培养。冬剪时，每个平行枝上的副梢枝留1～2芽剪截。

(2) 第二株 当新梢延长至第三道（距地面约2米）铁丝以上30厘米时，按统一方向，将新梢平缚或缠绕在第三道铁丝上，新梢处理同第一株。

(3) 第三株 当新梢延长至第五道（距地面约3米）铁丝以上30厘米时，按统一方向，将新梢平缚或缠绕在第五道铁丝上，新梢处理同第一株。

第二年春季萌芽后，选留一定量的新梢（间距10～15厘米，视品种而定）等距离垂直沿架面向上绑缚，新梢摘心根据品种特

性，适时于花前、花后或生长至长廊平面中心时摘心，让新梢布满长廊的立面和平面；平行延伸枝继续培养；冬季修剪时按预定枝组数量进行修剪，即平行单臂上形成多个结果枝组，每个结果枝组上选留 1～2 个结果母枝进行短梢或中梢修剪。

二、副长廊或行头空间棚架的构建

葡萄观光园不但主道路宽阔，与其连接的每个栽培区行头即回旋半径也比较宽大，一方面是为了便于机械化作业，另一方面也是便于观光人流的顺畅通行，为了充分利用这一空间，笔者发明了一种折干形水平叶幕树形，与长廊配套构成副长廊。

该树形的优势是：主干位于一侧，两排结果主蔓可占据较大空间，有利于葡萄观光园实施机械化作业和观光，同时比一排主蔓结果提高了产量；该树形主干和主蔓空间延伸长，有助于缓和生长旺盛品种的树势，减少夏季管理工作量；该树形结果母枝位置均等，新梢均匀排列，结果部位均一，极大地改善了果实品质。

1. 基本结构 该树形包括一个 1.8 米的直立主干，主干之上 20 厘米左右分别培养两个主蔓，以及中心继续水平延伸的一段2 米长的主干。该主干顶端左右再分生两个主蔓，从空间看，类似汉字“干” 90°弯折，或分别由一个直立 T 形和一个水平 T 形组合而成(图 3-8)。所有新梢均与主蔓垂直并水平延伸，果穗均位于一条直线上。

2. 整形技术 第一年春季，苗木发芽后保留一个健壮新梢直立生长，当长度达 2 米时摘心，保留顶芽副梢继续生长，培养为水平主干；其下左右两个副梢顺行水平绑缚生长，培养为第一行主蔓，其他副梢均抹除；八月初摘心促进枝条成熟。冬剪时在所有枝条直径达 0.8 厘米处短截。

第二年：保持水平主干顶芽继续水平生长直至距离第一行主蔓 2 米处摘心，选其下两个副梢顺拉丝左右水平绑缚，培养为第二行主蔓，水平干上其余新梢均抹除不留。当相邻两株的主蔓对接时摘心。

图 3-8 折干型

第三年：主蔓上按照约 20 厘米的距离抹芽定梢，并保持新梢向同一方向水平生长；当前后两排新梢交接时摘心修剪；幼树可留一片副梢叶“绝后”，成龄树不保留副梢叶。冬季修剪时大部分品种新梢保留一个芽短截修剪，作为下一年的结果母枝。至此完成树形培养。

第五节　葡萄架式的优劣分析及架式选择

一、葡萄架式的优劣分析

1. 建设成本　在葡萄种植中，建设成本的高低主要在架式的选择上。架式越复杂，相对建设成本越高。其中由高到低分别为 T 形（Y 形）棚架、V 形架、篱架，一般 T 形、Y 形顺行棚架的每亩地建设费用在 6 000 元以上，V 形架在 4 000 元左右，而篱架通常不会超过 2 000 元一亩。

2. 管理难度　葡萄园冬季修剪、生长季新梢摘心、绑蔓、疏花疏果、套袋、采摘等这些管理都需要人工进行，根据操作工人平均身高 1.6 米左右，葡萄果穗着生位置基本在冬剪母枝上萌发新梢的 25 厘米左右处，架式结果部位高度和架面新枝高度，决定了人工操作管理的难度高低与每亩用工量的多少。篱架形和 V 形的主干高度为 50～70 厘米，果穗高度通常处于 0.8～1.2 米的位置，操作人员只需要稍微弯腰或站立即可修剪或管理果穗。而T形棚架，主干及新梢的高度超过了人体的高度，操作者需要举手仰头或借助凳子进行管理。如进行一次新梢摘心、绑缚，高干T形架每亩用工约3个；Y形顺行棚架每亩用工约2个；V形架每亩用工约1个；篱架每亩用工约0.5个。V形架、篱架可以用简易电动打梢机管理副梢，提高工作效率。棚架栽培剪梢机械则无法使用，但由于棚架新梢平行生长，长势缓和，生长量减少，相对直立篱架新梢及副梢管理次数也会减少。

从人工管理难度方面分析，最省力的为篱架，其次为V形，人工管理难度最大的为T形架；根据种植株行距，T形架和Y形顺行棚架行距大，便于机械化操作，篱架形行距小，机械操作不便。从机械化程度分析，最方便的是T形架和Y形顺行棚架，其次为V形架，篱架最为不便。

3. 不同架形对葡萄品质的影响　葡萄品质与通风、光照有直接关系，T形架和Y形顺行棚架新梢为一个平面，采光效率最高，其次为V形架，最低为篱架。因此，品质从高到低为T形架和Y形顺行棚架、V形架、篱架。受日灼危害最高的为篱架，其次为V形架，最少的为T形架和Y形顺行棚架。

二、架式选择依据

1. 根据当地气候　气候是影响葡萄生产的主要因素。在北方严寒的地区，冬季需要进行埋土防寒。因此要考虑埋土防寒的便利性。T形架不便于下架埋土防寒，可以采用主干基部弯曲的Y形顺行棚架、V形架。篱架形采用主干倾斜延伸的方式，便于埋土操作。

2. 根据葡萄品种　根据葡萄品种的生长势确定栽培架式，生长势弱的葡萄品种选择篱架，如黑巴拉多、早霞玫瑰等；生长势中庸的葡萄品种可选择V形架，如早黑宝、瑞都红玉；生长势强的葡萄品种选择T形架和Y形顺行棚架，如夏黑无核、阳光玫瑰、蜜光等；另外阳光玫瑰葡萄采用T形架和Y形顺行棚架能提高果实的品质。巨峰系品种采用 T 形棚架，能缓和树势，减少落花落果。

3. 根据营销模式 在生产中，要根据葡萄的营销模式来选择不同的架式。如观光采摘区域，应采用 T 形架或 Y 形顺行棚架，便于游客穿行采摘；如供应果品市场或商超，可采用 V 形架或篱架；粗放式管理的酿酒葡萄，通常采用投资小、管理简单的篱架。

CHAPTER 4
第四章

葡萄观光园树体管理

第一节　新梢管理

新梢管理是夏季修剪中的主要部分，贯穿于整个葡萄的生长期，目的是调节植株营养物质的分配，调节激素中心，调整新梢生长和果穗发育之间的矛盾，改善通风条件，增加光照，提高光合作用，减少养分的生长消耗，合理负载，生产标准化果穗，提高果品质量和效益。

一、绑蔓定梢

1. 去除萌蘖　萌芽后根据萌发先后，分批去除萌蘖。主要去除明显过密的芽，抹除枝蔓上的萌蘖；抹除结果母枝上萌发的副芽、位置不好的芽，以及棚架上向上、向下的芽。

2. 抹芽定梢　在新梢上显现花序、待能分辨出花穗大小时，抹除多余的芽。定梢是按负载量或按确定梢距，最后一次除梢，决定架面的留梢量。

（1）抹芽、定梢是根据新梢上花穗的有无和萌发的先后，分2～3次进行。一般疏除过密枝、瘦弱枝、花穗小的枝。梢距一般按小粒（小叶）品种10～12厘米；大粒（大叶）品种15～20厘米。在开花前2周结束定梢。

（2）定梢决定产量，即以当年计划产量来确定新梢量，严格来说是确定新梢距离，根据历年所栽的品种正常穗重与掌握的资料和经验，根据计划产量来确定新梢距。可用下列公式计算。

①单篱架（母蔓一侧有新梢）计算公式：

枝距＝（666 米^2×穗重）/（计划亩产量×行距）。

②顺行棚架、T 形架（母蔓两侧有新梢）计算公式：

枝距＝［（666 米^2×穗重）/（计划亩产量×行距）］×2。

以夏黑无核为例，顺行棚架，行距 3 米，如计划亩产量为1 110 千克，每穗重 0.5 千克，即：枝距＝（666 米^2×0.5 千克）/（1 110 千克×3 米）×2＝0.2 米。夏黑无核葡萄母蔓每侧新梢距为 20 厘米。

在确定枝距时，要参考葡萄植株上年结果情况。如上年果品质量高，但产量偏低，生长偏旺，今年应适当增加枝距或穗重；如上年果品质量稍差，产量过高，成熟过晚，新梢生长弱，今年就应当加大枝距或减小穗重。

3. 绑蔓 绑蔓的目的是为了使新梢分布均匀，防止被风吹断。新梢长至 40～50 厘米开始绑缚，均匀分布在第一道铁丝上。以后每长到上一道铁丝位置绑缚一次。对幼树主干延长枝要拉引绑绳，使其直立保持生长势，扩大树形，提早完成整形。

新梢绑缚时，松紧要适中，尽量减少磨伤。绑缚新梢的材料有麻绳，塑料绑丝等。一般采用双套节绑缚，绳子先在铁丝上固定个节扣，防止新梢滑动。

葡萄绑枝机或绑枝器是用于捆绑固定葡萄枝条藤蔓的一种手工工具，使用极为便捷省力，工作效率是人工捆绑的 4～5 倍。冬剪抽出枝条时枝条容易与铁丝分离，但固定性不好新梢容易滑动，和绳子或塑料扣相结合使用更好（图 4-1）。

图 4-1 新梢绑蔓

二、主梢摘心

摘除正在延伸的主梢顶端上生长点和部分枝叶称为主梢摘心，分为结果枝摘心和发育枝摘心。

1. 结果枝摘心　新梢摘心的目的是通过抑制顶端生长暂时阻止养分向上输送，迫使养分回流到新梢下部或花穗部分，从而减少落花落果，提高坐果率和拉长穗轴长度，同时也促进了下部萌发副梢。

一般摘心后7天左右起作用，副梢萌发后作用即消失。葡萄开花前或始花期不进行摘心的，每个叶片的养分大部分向先端移动；进行摘心的新梢，只有部分向先端移动，大部分养分向花穗输送，花穗得到的养分比不摘新梢能增加3倍以上。

摘心的时间性要求相当强，不同目的或不同品种类型，摘心的时间不同。

对易落花落果的品种，以增加坐果为目的，需要花前摘心。如巨峰、甬优、巨玫瑰等，于开花前3天内新梢摘心，基本掌握在一块地或一个棚发现一穗开花，即“见花立即摘心”。摘心位置以保留到新梢上直径10厘米大小的叶片为标准，增加坐果率效果明显。

以减少坐果为目的，对坐果率高的品种花后摘心。如摩尔多瓦、魏可等，于谢花后甚至在新梢满架后摘心，新梢持续生长有利于减少果穗坐果密度，减轻疏果工作量。

以拉长果穗为目的，于开花前5～7天，花穗以上留3叶重摘心，适用于有核品种无核化处理及激素处理的品种，如甬优、夏黑无核等。

2. 发育枝摘心　对用于第二年作为更新结果的预备枝、替换或填补空间的发育枝，一般晚摘心，使发育枝上有一定数量的功能叶，或达到所需长度，留20片叶左右摘心，促使下部枝芽充实健壮。

对生长过旺的徒长枝和母蔓上萌发的更新梢，影响到结果枝时，即可摘心控制徒长。

对幼树和未完成整形的或改造树形的主蔓和侧蔓枝，达到需要的分枝位置时，便可摘心，促使下面副梢萌发，加速成形。

三、副梢管理

对新梢摘心后7天左右，夏芽副梢会激发出来并生长迅速。过多的副梢生长会消耗大量的养分并影响通风透光，扰乱架面及树形，因此，新梢摘心后还要采取相应的副梢处理，才能达到预期的效果。

为了加速幼树成形，利用副梢作为主蔓和结果母枝扩大树冠，提前进入丰产期；对有多次结实能力的品种，利用副梢来弥补产量的不足或拉长葡萄的供应期。

1. 结果枝主梢摘心后副梢的处理 新梢摘心后，顶端留1个副梢向前延伸，每生长4～6片叶摘心一次。达到架面顶端铁丝以上（篱架）或达到行距中心位置或相对时（棚架），留2叶连续摘心。主梢上萌发的副梢有以下3种处理方法。

（1）摘心后主梢上萌发的副梢一律抹除，向上延伸副梢上萌发的二次副梢，一律抹除。注意：只有幼嫩的副梢可以用手直接抹除，已经开始木质化的副梢必须用剪刀去除而不能用手撕扯，撕扯肯定造成伤口直接影响冬芽的花芽分化质量，同时为病菌入侵提供了通道。

（2）摘心后萌发的副梢保留一部分。花穗以上的副梢留1～2叶连续摘心，花穗以下的副梢抹除；采用短枝修剪的结果母枝，以及基部芽不易成花的品种如白鸡心，为促进枝条基部冬芽结实力，可保留基部2～3节的副梢，留2芽反复摘心，以上副梢去除；主梢结果率低的品种，如克瑞森，可利用副梢作为下年的结果母枝，可保留基部1～2节的副梢，留4～5叶反复摘心，副梢摘心后萌发的二次副梢，留1～2叶反复摘心；为了防止果穗日灼，花穗附近留1～2个副梢遮阴，留1～2叶反复摘心。

（3）摘心后萌发的副梢“留叶绝后”，即对副梢留1叶摘心，摘心的同时将该叶的腋芽掐除，不再萌发二次副梢。这种处理一般用于叶片较小的欧亚种上，能有效增加叶面积，提高葡萄品质。

2. 幼树主梢摘心后副梢的处理

篱架树形，第一道铁丝以下萌发的副梢去除，第一道铁丝以上的副梢连续1～2叶摘心，顶端铁丝以上副梢连续2叶摘心。

棚架树形，去除直立新梢（主干）上萌发的副梢，平面新梢上萌发的副梢连续4～5叶摘心，只留前端的二次副梢向前延伸，其他去除（图4-2）。

图4-2　电动打梢机修剪新梢

四、新梢管理成本核算

1. 篱架用工　篱架葡萄新梢生长速度快，新梢管理用工相对高些，一般情况下每年需要摘心处理6次左右，此外，品种不同处理次数也有所不同，每人每天处理1～2亩。

新梢管理成本＝6次×工人日工资。

绑梢成本＝3次×工人日工资。

抹芽及其他工作约用2个工。

2. 棚架用工　棚架葡萄新梢生长量小，处理次数相对就少。

新梢管理成本＝3次×工人日工资。

绑梢成本＝3次×工人日工资。

抹芽及其他工作约用2个工。

3. 长廊用工　长廊种植的葡萄为了尽快达到遮阴的效果一般

选用抗性强、不用摘心的品种，但架面高、操作困难，进程相对慢些，百米用工约12个。

第二节　花果管理

一、定产、控产

1. 确定负载量的依据　合理负载是优质丰产高效益的基础，生产上主要从以下几个方面考虑负载量。

依据品种特性确定负载量：一般大穗少留，落花落果的多留，树旺多留，树弱少留，抗性强多留抗性弱少留。

根据树龄大小、架面和树势来确定负载量：树龄越大负载量也越大，达到丰产期后主要依据“弱梢不留穗，中庸梢留一穗，强旺梢留二穗”的原则。

根据土壤瘠薄确定负载量：土壤肥沃，施肥量大的地块可以适当多留果，土壤肥力较差的葡萄观光园应适当减少负载量。

2. 定穗标准　按定产指标，根据果穗平均重和叶果比确定穗数。

葡萄单位面积的产量＝单位面积的果穗重×果穗数。

果穗重＝果粒数×果粒重。

因此，根据目标（计划）产量和品种特性就可以确定单位面积的留果穗数。品种的特性决定了该品种的粒重，可以依据市场上对果穗要求的大小和所定的目标产量确定单位面积的留果穗数。目标产量过高，必将影响果粒的大小，从而降低品质。

培养优质果需要用1米^{2}叶片生产1千克果。根据单位面积的留穗数可以确定单位面积的新梢数和需要的基本叶片数。以巨峰葡萄为例，精品生产适宜的产量在每亩收获1.5吨左右，每亩需要保留约3 000个果穗，每个果穗需20～30片叶，因此，除了主梢叶片还需要保留一定的副梢叶。如果亩产量定为2 000千克，则需要保留约4 000个果穗，每梢的果穗有可能增加，叶片数相应也需要增加，此时，可能需要采用棚架栽培加大新梢长度，或者增加副梢留叶量，否则将有可能造成因光合产物不足而降低葡萄糖度。

二、花穗管理

1. 花穗拉长

（1）适用品种　花穗拉长适用的品种有：有核品种无核化处理及激素保果的品种；无核品种进行保果及增大处理的品种；坐果率高，果穗紧密的品种。花穗拉长可减轻疏果用工。

（2）不宜拉长花序的品种　坐果率差的品种，有核品种不进行无核化处理的以及不用激素保果的葡萄品种不需要拉长花序，否则会导致坐果稀疏，果穗松散，降低商品价值。

（3）花序拉长剂的浓度　拉长剂的使用浓度，要根据不同葡萄品种和有效成分选用不同浓度。一般用赤霉素8～10毫克/千克或赤霉素5～20毫克/升，浸蘸或喷花序进行花序拉长。

按公式①：100万×含量÷毫克/千克÷1 000＝1克兑水量。如有效成分含量为20％的赤霉素配成8毫克/千克的浓度，100万×20％÷8毫克/千克÷1 000＝25，即1克赤霉素兑水25千克。

按公式②：100万÷毫克/升×有效成分＝倍数。如有效成分含量为80％的赤霉素配成5毫克/升的浓度，100万÷5毫克/升×80％＝16万倍，即1克赤霉素兑水160千克。

（4）使用时间和使用方法　使用时间：一般萌芽后25～30天，花前20左右，新梢7～9片叶，长约30厘米。拉长程度与使用时间和温度有关，使用越早或温度越高拉长越明显，要根据不同葡萄品种和使用时期及温度，调整使用浓度。

使用方法：用一次性透明塑料杯或饮料瓶进行浸蘸，药液水位低时，用手挤压液位上升，要达到花穗全部浸蘸。微喷时避免喷到叶片。

（5）配套技术　要采取相应的配套技术才能达到理想的效果：花前喷硼，提高授粉授精能力；及时防治灰霉病、穗轴褐枯病；某些葡萄品种拉花后要按时保果；拉花后会增加产量，要适当疏穗整穗；土壤及大气干旱也会降低药效，需要开启滴灌增加微环境湿度。

2. 花序整形　一个葡萄的花穗一般有200～1 000朵小花，一个标准的果穗只需要30～60个果粒。如大粒藤稔葡萄品种，单粒重达 30 克以上，一般每穗留 30 粒；阳光玫瑰单粒重 12 克左右，一般留 60 粒。

花穗整形时间应在开花前 2～7 天进行。整形方法包括传统的去副穗、掐穗尖和现下流行的留穗尖等。原则是按葡萄品种特性、客户需求和市场定位，选择花穗整形方式。

按葡萄品种特性进行花穗整形：①巨峰系，一般掐穗尖，去掉花穗长度 1/5～1/4 的穗尖部分。去副穗，去掉副穗和花穗上部穗肩的若干小穗，只保留花穗中部 10～15 个小支穗（图 4-3）。②夏黑无核、阳光玫瑰等，以及无核化处理的品种，留穗尖，即花穗尖部留 5 厘米左右，其余疏除（图 4-4）。

图 4-3　花穗整形——去穗尖、副穗

图 4-4　花穗整形——留穗尖

要根据园区生产情况选择适合的花穗整形工具及方法，如花序整形器比较昂贵，很难达到人手一个。可以采用一种快捷、省工、省力的“捋花序法”。“捋花序法”整花序的平均用时仅 3 秒/穗，每亩用工约 2 个小时，特别适用于留穗尖的模式化操作。用手“捋花序法”操作应在开花前 2～3 天至始花期这段时间，此时葡萄花穗的分支梗变脆，极易捋掉，不会造成扯皮或形成伤口的问题。在整花序时在一只手的食指或中指上用记号笔标注所留花穗长度，伸手定长，用另一只手的拇指和食指从下往上捋花穗，一气呵成，可大大提高工作效率。

三、果穗管理

1. **果穗整形** 于落花后 1 周内，按圆柱形或圆锥形的穗形进行整穗。同一品种，同一区域按同一标准尺寸进行整穗。对穗肩过宽和穗轴过长的果穗，疏除过长部分，使果穗大小均匀，整齐，提高商品性。

2. **疏穗** 疏穗应在花后 1 周即坐果后进行，主要疏除过密、坐果稀疏的果穗和感病果穗。一般不建议在花前进行，以免花期遭遇不良天气或病害而有减产风险。

3. **疏果** 于坐果后能分辨出果粒大小时开始疏果，至套袋前结束。疏去小粒和过密的果，使果粒大小均匀，果穗紧密适中。

常规品种，主要疏除小粒果、畸形果，使果粒大小均匀，外形美观，提高商品性。大粒品种，如藤稔、甬优等，每穗留 30～60 粒，疏果后果粒之间相距 1 厘米左右，即果粒之间能放入手指为宜。无核化、花期保果和三倍体的葡萄品种，需要疏果防止果粒过于密挤影响果粒膨大。

4. **套袋** 果穗套袋是隔离病虫害、鸟害及外界污染的主要措施之一。果穗套袋还能有效地防止和减轻葡萄果实日灼和农药的污染。

（1）纸袋的选择 葡萄专用袋的纸张应符合国家有关标准，纸袋耐风吹雨淋、不易破碎，有较好的透气性和透光性。一般以白色葡萄专用袋为好，也可选择双色袋或一面透明的纸膜袋。黄色葡萄品种如阳光玫瑰、碧香无核等宜选择绿色或蓝色葡萄袋。

纸袋规格，巨峰系品种及中穗形品种一般选用 22 厘米×33 厘米和 25 厘米×35 厘米规格的果袋，大穗品种一般选用 28 厘米×36 厘米规格的果袋。

（2）套袋时间 一般在谢花后 15～20 天，果实花生米大小时，疏果完成后，可以开始套袋。为了促进果实对钙元素的吸收，提高果实耐储运性，视雨季早晚情况可将套袋时间延迟；在雨季延迟的年份，最晚到果实刚刚开始转色或软化时进行。要避开雨后高温天气或阴雨连绵后突然放晴的天气进行套袋，以免引起日烧或气灼。

(3) 套袋技术 套袋前要均匀细致的喷施一次杀菌剂和钙肥，最好当天喷当天套，等药剂完全干后再套袋。

纸袋处理：用塑料箱盛水，将纸袋口朝下浸入水中，水位高度以浸湿纸袋上口 5 厘米为宜，浸泡时间 0.5～1 小时，以泡软为宜，以便于密封束紧封口防止雨水进入，泡好的纸袋甩掉多余水分，放背阴处备用。

套袋程序：先把整个纸袋空间充分膨起，从果穗下部轻轻向上套，不要用手碰触果穗，使果穗自然居于袋中央；用果袋一边的铁丝缠绕固定在穗轴柄上，松紧要适中；套完袋后将果袋附近的叶片整理遮盖住果袋，以防日烧。

(4) 摘袋时间与方法 摘袋时首先将袋底打开，经过 5～7 天锻炼，再将袋全部摘除。去袋时间宜在晴天的上午 10 时以前或下午 4 时以后进行，阴天可全天进行。要根据销售量和销售能力分批去袋，或去掉纸袋下面 1/3，形成伞状，保护果穗。

对于无色品种及果实容易着色的品种如巨峰等可在采收时摘袋，但这样成熟期有所延迟，如巨峰品种成熟期延迟 7 天左右。

果实成熟期昼夜温差较大的地区，为了防止果实着色过度，可适当延迟摘袋时间或不摘袋；在昼夜温差较小的地区，可适当提前摘袋，以免果实着色不良。

四、植物生长调节剂使用技术

1. 生长调节剂的主要作用

(1) 花穗拉长 花穗拉长主要适用于有核品种无核化、进行保果的葡萄品种、坐果率高但花穗小的品种。于花前 2～3 周，新梢 8 叶左右时使用赤霉素 5～10 毫克/升浸蘸花穗。

(2) 保果 保果适用于三倍体品种、拉长花穗的处理以及落果较重的品种。于谢花后 2～5 天内，使用赤霉素 25 毫克/升，或加葡萄增大剂，增加兑水量，浸蘸或微喷果穗。

（3）无核化处理 无核化处理适用于有秕籽的无核品种，如夏黑、科瑞森等，以及无核化栽培的有核品种，如阳光玫瑰、巨峰、京亚、巨玫瑰、户太8号、甬优等。于始花后3～7天，使用赤霉素25毫克/升或加200毫克/千克的医用链霉素，浸蘸或微喷花序。

（4）膨大果实 膨大果实适用于无核品种、有核品种无核化及三倍体品种，如夏黑无核、阳光玫瑰、科瑞森、藤稔、京亚、甬优、户太8号等。根据品种和颗粒大小要求，有一次处理和两次处理两种方式。使用一次处理的于谢花后15天左右进行；采用两次处理的第1次处理于谢花后12～15天进行，间隔5～7天再进行第2次处理。

使用赤霉素10～50毫克/升，加细胞分裂素如TDZ或吡效隆1～5毫克/升，加200毫克/千克的医用链霉素软化果梗，浸蘸或微喷果穗。

（5）促进果实着色 促进果实着色适用于着色困难的红色品种。果实开始转色前第一次处理，间隔2周再使用第2次。使用脱落酸（ABA）500毫克/升或ABA 300毫克/升＋氨基酸钙（根据产品介绍浓度），喷布于果穗及附近的叶片。乙烯利是提早着色的常用药，使用浓度与时期因品种而异，一般在浆果成熟始期，果粒充分软化后应用100～500毫克/升，有色品种在5%～15%果粒开始着色时使用，可提前成熟5～12天。

2. 部分葡萄品种植物生长调节剂使用技术

（1）早霞玫瑰 自然拉花：结合花前的高氮、大肥大水或设施栽培中高温管理等措施，促进花序的自然拉长。激素处理：盛花至盛花后3天内，使用赤霉素10～25毫克/升浸蘸花序；间隔12天后使用赤霉素12.5～25毫克/升进行第2次浸蘸花序。

（2）巨峰 无核化处理：始花后3天使用赤霉素10毫克/升，始花后23天使用赤霉素25毫克/升＋氯吡脲2毫克/升；或谢花后2～3天使用赤霉素25毫克/升，间隔10天使用氯吡脲2毫克/升。

（3）巨玫瑰 无核化处理：8叶时使用赤霉素5～10毫克/升。膨大处理：始花后7天（盛花末期）使用赤霉素25毫克/升，始花后 23 天使用氯吡脲 2～5 毫克/升。

(4) 夏黑无核　8 片叶时使用赤霉素 5 毫克/升，盛花末期使用赤霉素 25 毫克/升，谢花后使用赤霉素 25 毫克/升＋氯吡脲 2 毫克/升。

(5) 阳光玫瑰　盛花期使用赤霉素 25 毫克/升，浸蘸花穗，间隔 13～15 天后再使用 1 次赤霉素 25 毫克/升＋3 毫克/升 TDZ。

(6) 欧亚种无核品种　克瑞森无核、红宝石无核、无核白鸡心等，8 叶时使用赤霉素 5 毫克/升；盛花期使用赤霉素 25 毫克/升，喷花穗，起到疏果作用；花后 10～15 天使用氯吡脲 2～5 毫克/升膨大果粒。

3. 生长调节剂浓度配制换算　根据植物生长调节剂有效成分含量和使用浓度，求需用原料量。

例 1：现有有效成分含量 10%的植物生长调节剂，欲配置 50 升的 5 毫克/升溶液，需多少原料？查表 4-1，取原药 2.5 克，兑水 50 升即成。

例 2：现有含有效成分 5%的植物生长调节剂，欲配置 30 毫克/升溶液 50 升，需多少原料？查表 4-1，取植物生长调节剂 30 克，兑水 50 升，即成 50 升浓度为 30 毫克/升的溶液。但现只需 100 毫升，所以

50 000∶30＝100∶x，

x＝30×100/50 000＝0.06 克。

取含有效成分 5%的植物生长调节剂 0.06 克，兑水 100 毫升，即得 100 毫升浓度为 30 毫克/升的溶液。

表 4-1　已知植物生长调节剂的有效成分含量、溶液浓度和配制 50 升药液原药需要量

单位：克

浓度 毫克/升	植物生长调节剂有效成分含量（%）												
	5	10	15	20	25	30	40	50	60	70	80	90	100
1	1.000	0.500	0.333	0.250	0.200	0.167	0.125	0.100	0.083	0.071	0.063	0.056	0.050
2	2.000	1.000	0.667	0.500	0.400	0.333	0.250	0.200	0.167	0.143	0.125	0.111	0.100
3	3.000	1.500	1.000	0.750	0.600	0.500	0.375	0.300	0.250	0.214	0.188	0.167	0.150

（续）

浓度 毫克/升	植物生长调节剂有效成分含量（%）												
	5	10	15	20	25	30	40	50	60	70	80	90	100
5	5.000	2.500	1.667	1.250	1.000	0.833	0.625	0.500	0.417	0.357	0.313	0.278	0.250
10	10.000	5.000	3.333	2.500	2.000	1.667	1.250	1.000	0.833	0.714	0.625	0.556	0.500
15	15.000	7.500	5.000	3.750	3.000	2.500	1.875	1.500	1.250	1.071	0.938	0.836	0.750
20	20.000	10.000	6.667	5.000	4.000	3.333	2.500	2.000	1.667	1.429	1.250	1.111	1.000
25	25.000	12.500	8.334	6.250	5.000	4.166	3.125	2.500	2.084	1.786	1.563	1.389	1.250
30	30.000	15.000	10.000	7.500	6.000	5.000	3.750	3.000	2.500	2.143	1.875	1.667	1.500
50	50.000	25.000	16.667	12.500	10.000	8.333	6.250	5.000	4.167	3.571	3.125	2.778	2.500

第三节　树体越冬管理

一、冬季修剪

1. 冬季修剪目的　通过冬季修剪调节空间芽眼数量和负载量、结果母枝数量和长度；合理分布结果枝，达到架面枝间距均匀；平衡树势，调节植株地上地下的关系，调节生长和果实之间的关系；更新复壮，延长葡萄植株的商品寿命。

2. 修剪时期　冬季修剪应在枝蔓营养物质转移到老蔓和根部时开始，过早和过晚的修剪都会损失大量养分，不利于翌年的生长发育。

冬剪时期受气候条件的影响。不需下架埋土的园区，从落叶后至伤流前20～30天都可以修剪，萌芽前40～50天结束修剪，避免伤流严重。下架埋土的园区，一般进入深秋叶片开始黄化后带叶轻修剪或落叶后立即修剪，在封冻之前结束修剪和埋土工作，翌年出土后根据负载量再进行复剪，避免因出土造成结果母枝的损伤，确保有足够的目标芽眼量。

3. 冬季修剪的方法

（1）修剪长度　结果母枝的修剪长度以当年生枝上冬芽数来计

算，不包括基部芽。一般剪留基芽为超短梢（极重）修剪；剪留1～3芽为短梢修剪；4～8芽为中梢修剪；9芽以上为长梢修剪。

（2）更新修剪 单枝更新：冬剪时只留1个当年生枝。采用短梢修剪，春季萌发后留两个新梢，第二年冬剪时剪除上面一个新梢，下面新梢仍短梢修剪。

双枝更新：冬剪时结果部位留2个当年生枝。靠近主蔓基部枝进行短梢修剪，上部枝按中梢或长梢修剪，形成一长一短。春季萌发后，每个结果母枝上留两个新梢，第二年冬剪时将上部长梢疏除，下部仍按上年方法修剪。

（3）按品种特性修剪 冬剪方式的选择取决于葡萄品种特性，花芽分化好、成花能力强的品种一般采取短梢修剪，采取单枝更新，如藤稔、夏黑无核。

长势旺盛、花芽分化不好、成花能力弱的品种一般采用中梢修剪，采取双枝更新，防止结果部位外移，如无核白鸡心。

坐果率低，易产生大小粒的品种，适合长梢修剪，平缚结果母枝，缓和生长势，如巨峰。

4. 冬季修剪的注意事项 剪截一年生枝时，剪口宜高出枝条节部3～4厘米，剪口向芽的方向略倾斜抬高，间节较短的品种可在节部隔膜处剪截以防止抽干。

疏枝时剪锯口不要太靠近枝蔓，以免伤口向里干枯而影响母枝养分的输导。

去除老蔓时锯口要削平，以利伤口愈合，伤口尽量留在主蔓的同一侧，避免造成对口伤，伤口可用动物油涂抹。

修剪时间不宜太早或过晚，太早养分没有回流到根部主蔓，影响来年树势；过晚伤流严重，流失养分，也影响树势。

5. 修剪步骤 “看”：看品种、看树形、看树势、看邻株关系，确定负载量，确定留结果母枝量。“疏”：疏除局部更新主侧蔓，疏除病虫枝、枯枝、细弱枝、过密枝、根部萌蘖枝。“截”：根据品种按不同架式，不同部位，确定剪截长度。“查”：修剪后查找是否有漏剪。

6. 捆绑枝蔓　冬剪后不需要埋土的按树形进行枝蔓绑缚，固定枝蔓防止冬季大风摇曳；需要埋土防寒的则待春季出土后再进行枝蔓绑缚。绑缚时，使枝蔓合理分布在架面上，要根据树形决定绑缚方向和位置，对于中长梢修剪的结果母枝，要根据生长势进行水平、倾斜或垂直绑缚。

二、枝条还田

1. 直接还田　冬剪过程中需要剪掉大量枝蔓，修剪量可达90%以上，因此葡萄枝条是很好的有机肥来源。

直接还田方法最为简单，也是国外常用的方法，即冬剪后选用机械就地直接粉碎。粉碎后的葡萄木屑可用旋耕机旋耕深翻，任其自然腐熟，也可铺在树下防草。

2. 腐熟发酵还田　冬剪后将枝条集中到空地上进行粉碎，堆积腐熟发酵，然后还田。

粉碎枝条可用拖拉机悬挂碎草机或秸秆还田机。将枝条平铺在地面上，根据机型调整枝条铺设高度，一般行走2～3次即可粉碎；可购买专用枝条粉碎机或移动式粉碎机（图4-5、图4-6）。腐熟方法：

①粉碎后的1 000千克枝条加10千克生石灰，1千克尿素。

②建堆场所最好是水泥地面，避风向阳，水源便利。建堆时，先将碎枝条和石灰混合均匀，加足水分，保持含水量65%～70%（手握指间出水而不滴水为宜），调整pH到10。

③料堆宽1.5～2.0米，高1.0～1.5米，长度不限，料堆四周尽可能陡一些。建堆后，用木棒在料堆上每隔33厘米插一通气孔，孔与孔之间呈“品”字形，以利通气发酵，还可在料堆膜上再盖草帘和塑料保温保湿。

④适时翻堆，一般建堆后24小时堆温即可达到60°以上，维持24小时以后应进行翻堆，翻堆时必须将料松动，以增加料中含氧量，同时把堆中心的料翻出来，四周的料翻入中心，以便均匀发酵，全部发酵过程7～15天。每天翻堆1次，一般情况翻堆3～4次

即可。

⑤当发酵料不再产生热量，发酵结束，适时施入葡萄观光园。

⑥腐熟后的葡萄枝条有机质含量在90%以上，是商品有机肥的1倍左右。500千克枝条可抵1吨商品有机肥。每亩产300～500千克枝条。枝条腐熟后还田不但增加土壤有机质含量，还能有效地消灭病虫源。可结合清园，清扫落叶一起发酵。

图4-5　碎草机行间粉碎枝条直接还田

图4-6　移动式枝条粉碎机

三、越冬防寒

1. 葡萄不同器官耐寒性差异　欧亚种葡萄树是较不耐寒的树种，尤其是根系抗寒性很差，土壤温度－6～－4℃的情况下就会冻死吸收根，当地温降到－8℃时，欧亚种葡萄自根系就会失去功能。成熟枝条的抗寒性最高，在国外一般能忍受－20℃左右的低温，但在中国冬季寒冷加干燥大风的气候条件下，观察到枝蔓抗寒性大幅度降低，在－15℃左右也有可能会受冻害，芽的抗寒性比枝条还低3～5℃，成熟度不好或者停长晚的植株，在－12℃较长时间也会发生芽的冻害。

葡萄防寒的重心是保护根系，使其根系分布区的土壤温度保持在－3℃以上，据统计观察，当气温达到－17℃并保持较长时间时表层土壤地温下降到－4℃，土层20厘米深处的气温下降到－1℃，因此，需要了解当地气候情况做出防寒决策，气温越低防寒厚度越大。

埋土防寒的厚度还与土质有关。一般沙壤土或砂石混合土层的园区埋土就厚些，因为这样的土壤冬季地温降的快。相反壤土可适当埋土浅些。

2. 防寒技术

（1）机械埋土防寒 采用人工埋土防寒，劳动强度大、成本高。使用葡萄埋藤机，不仅从繁重的体力劳动中解放出来，也提高了劳动生产率。埋藤机特点是堆土集中，一次完成；土壤密实、不透风、保墒效果好；操作简单、省力、安全、工作效率比人工提高20倍以上（图4-7）。

图4-7 机械埋藤效果

（2）淋膜覆盖简易防寒 淋膜无纺布是工厂化生产的一种复合材料，其制作的核心工艺是把高压聚乙烯颗粒通过专门设备加温融化，均匀的复合在化纤毡上，形成一体的复合材料，其特殊之处是强化叠加了塑料膜和无纺针刺毡的作用，而又克服了各自的缺点。淋膜厚实防风且不易破损，不易腐蚀，使用寿命长达3～6年。用于设施保温，防水防雨雪；用于作物越冬防寒，保温保湿性能强，使用及收藏方便省工（图4-8）。

覆盖前需要将葡萄枝蔓降低位置，尽可能靠近地面放平，然后用淋膜覆盖包括根系分布区在内的区域，切记不要仅包裹枝条不管根系。淋膜自身重量较大，有较好的贴地性，在风力较小的园区只要铺平接地或稍微间隔压土即可，而在风大的园区则需要压实。需要提醒的是淋膜保温保湿效果极好，开春升温后需要及时检查湿度，可分步撤除，即先去除压实的土，避免过湿生霉。

在埋土防寒临界区（冬季最低温度－15℃），主要问题不是枝条冻害而是根系冻害，因此可将淋膜直接覆盖在植株两侧各约80厘米宽处，保护根系分布区的土壤温度和湿度即可。这种防寒方法枝条不下架，用工量少，劳动强度相对较低，而且因为防寒淋膜可以重复利用，所以成本也不会增加。

成本核算：

毛布：规格200克，2米×50米约200元/捆，3米行距的葡萄园亩用4.5捆，需要亩投资约900元。

淋膜：规格400克，2.5元/米^{2}左右，需要每亩投资约835元。

图4-8　不同形式的淋膜简化防寒

为了节约投资，也可以使用无纺布毡+塑料膜（避雨棚撤换下的旧膜），冬剪后搭在第一道铁丝之上，把包括根系分布区在内的地面盖住，和地面形成三角形，边缘用土压盖，切记不能只盖枝条。

（3）稻壳等覆盖地面防寒　在埋土防寒临界区，如潍坊寿光，在葡萄园地表覆盖5厘米厚的稻壳可以明显提高欧美杂交种品种如巨峰、阳光玫瑰的越冬性而不需要埋土，春季将稻壳耕翻到土里还能改良土壤。

（4）根际堆土防寒　在行间距较大（≥3米）的葡萄园，在根系分布区即行两侧各覆盖50厘米宽、20厘米左右厚的行间土，也可以有效保护浅层根系，但发芽前需要及时撤土复原。

（5）枝干包裹防冻干　长廊栽培的欧亚种葡萄不易下架埋土，用保温海绵从树干的下部往上进行包扎，包扎后树干基部再埋一些土（图4-9）。注意购买的海绵片应带反光纸，一是可以起到防水防风作用，二是反光纸可减少昼夜温差。包扎后树干的温度可提升3～5℃，大大减轻和避免冻害发生，开春后可去掉保温海绵来年再用。也可选择防寒裹树布更经济适用，价格11元/卷，单卷宽约12.5厘米，整卷长度约20米。例如葡萄树干直径10厘米，单卷可包裹3米长左右。

图4-9　包裹树干防寒

（6）树干涂白　涂白剂主要用来保护葡萄树干，防止冻害和日灼，兼有杀菌、治虫的作用。树干的向阳面受到阳光直射，白天温度上升而夜里温度急剧下降，皮层常受冻害而死亡。因此，秋末春初在树干和大枝上涂抹涂白剂，可以减小昼夜温差，防止冻害。

配方①：生石灰∶食盐∶动物油∶硫黄∶豆粉＝10∶1∶0.2∶1∶0.2。

配方②：生石灰∶食盐∶动物油∶硫黄∶豆粉＝10∶2.5∶0.4∶1∶0.2。

配方③：滑石粉∶硫黄∶豆粉＝10∶0.5∶0.2。

涂白剂的配料因目的用途不同选择不同配方，防寒、杀虫为目的，要增加食盐、硫黄、动物油用量，选择配方②；防日灼为目的，选用滑石粉配方③。

防寒涂白应在气温降至零度前完成，以免气温过低造成涂白后脱落。配制时，先将动物油加热化开，石灰、食盐分别用水化开，搅成糊状，后加硫黄粉、动物油和豆粉，最后加水搅匀。可用涂料桶做容器，一次多份搅拌，开始先少放水，均匀加入，将其混合充分搅拌成糊状。一份配剂约加 20 千克水。可用电钻安装搅拌棒，提高效率，随配随用，隔天的涂白剂也要搅匀再用。用宽 5～10 厘米毛刷均匀涂刷，一般涂刷高度至葡萄分枝以下。

3. 适时灌封冻水 在冬季葡萄埋土防寒后，封冻前，应灌一次防寒水，目的是防止根系冻害和早春干旱。灌水时一定要灌足，以土壤达到饱和状态为准。如果冬季持续干旱，在解冻后还可以浇灌一次小水。

4. 适时撤除防寒物 在气温接近 10℃时完成出土，可以当地杏树开花时为参照。用淋膜等进行树体简易覆盖的还需要更早些时间撤除。撤土时先除去两侧的防寒土，或者掀去覆盖物，然后小心地将枝蔓扒出。出土后枝蔓要根据树形及时绑缚上架。上架后及时浇灌一次大水，以免抽干。

CHAPTER 5
第五章

葡萄观光园土肥水管理

第一节　葡萄观光园土壤管理

土壤管理的核心是调节土壤水肥气热，调控土壤对葡萄树体的支撑能力。葡萄的肉质根和藤本结构表明，葡萄需要较大的土壤孔隙度和通透性；土壤温度是制约发芽早晚的重要因素，是构成葡萄生长发育微环境的核心因素，也是影响树体越冬的关键因素；土壤水分既是器官组成成分也是营养载体；土壤营养供应需要均衡、适时，因此，土壤管理并不仅仅是传统的除草、浇水、施肥那么简单。

一、清耕栽培

1. 清耕法　清耕法是最为普遍的避免杂草危害的管理方法，传统的做法是机械耙地、定时翻耕，人工锄草或拔草。

随着除草剂的广泛应用以及劳动力的短缺，耕作除草已经被除草剂所替代。长期使用除草剂导致土壤板结，土壤微生物群落遭到破坏，同时除草剂对葡萄造成的药害问题也越来越突出，因此，不推荐在葡萄观光园使用除草剂（图 5-1）。

2. 清耕优缺点　清耕的优点是果园通透性好，习惯性管理省心省事。清耕园的缺点是不便于员工和游客下地，容易造成雨天踩一脚泥、晴天踩一脚土。清耕的最大缺陷是雨后难以立即下地进行病虫害防治，容易错过最佳防治时间。此外，害虫的天敌在没有草的情况下也不易生存。山坡地清耕则容易导致水土流失，土壤有机质不易积累，从而过于依赖人工施肥。

图 5-1　长期使用乙草胺造成巨峰叶片变形、光亮，根系死亡

二、生草栽培

1. 生草制度及其优势

(1) 生草模式　葡萄园生草是耕作制度的一项技术革命。生草对提高土壤有机质含量，创造良好的生态环境有重要意义。同时，葡萄观光园生草是采摘园的基本条件，绿茵茵的草皮能为游客营造赏心悦目且轻快干净的采摘环境。

葡萄园生草有多种模式，一是行内清耕，行间生草；二是行内覆盖黑色无纺布或黑色地膜，行间生草；三是行内清耕，行间以年度为限隔行生草、隔行清耕。不下架防寒的地区可以长期生草，而埋土防寒区则仅在生长季进行生草，在春季和秋季果实采收后进行机械翻耕。

(2) 葡萄园生草的益处　降雨时水分沿草的根系下渗到土壤深层，能截留较多的雨水，保持水土。同时因草覆盖地表，蒸发量减少，可保持土壤长期潮湿，从而减少浇水次数。根系及碎草腐殖质营养有利于蚯蚓等土壤生物的繁衍，改良土壤结构，增加土壤通气性；生草可充分利用土地资源和光能资源，草的枝叶可进行光合作用制造有机物，通过耕翻最终归还土壤，从而增加土壤有机质含量。在生草最初的 1～2 年内，土壤有机质增加不明显，而从第三年开始，土壤有机质含量显著提高，这是除施用有机肥外提高土壤

有机质的一条重要途径。

生草覆盖地面后，可阻止因降雨溅起的泥水污染叶片、果穗，从而减少霜霉病、白腐病等依靠风雨传播的土传病菌的侵染机会，减轻病害的发生。同时，行间生草可使一部分害虫集中于草丛中，减少上树危害。

生草能够改善葡萄园的小气候。夏季高温的中午，沙性土的表面温度可达到60℃，而生草地表温度仅有30～40℃；生草后靠近地面的气温也低于未生草园3～5℃，这样可避免下部果实、叶片被日灼。生草遮阴同时也减少了因昼夜温差造成的土壤表层根系死亡与葡萄根癌病的发生，为葡萄树根系的生长发育创造了一个较好的环境。

2. 人工生草

（1）草种选择 筛选适宜的草种是生草的重点和难点，不同地区所得结果也不相同，一般建议选择根系浅的草类，如三叶草、鸭茅和鼠茅草，一些可做饲料有固氮作用的豆科草类，如紫云英、苜蓿、长柔毛野豌豆、毛叶苕子等，是高架葡萄园的不错选择；一些禾本科的草类如黑麦草、早熟禾或高羊茅混播也是一些酿酒葡萄园常见的选择（图5-2）。

图5-2 人工种草

（2）种草管理技术 播种时间应根据当地气候条件和水分条件，大部分越冬结子的草类如鼠茅草、紫云英、毛叶苕子、长柔毛野豌豆等需要秋季播种，可根据草类不同选择相应播种量。

种草前先平整土地，清理杂草，如果土壤瘠薄肥力差，还需要撒施足量有机肥，种草时要有良好的土壤墒情条件，最好选择在雨前或雨后播种。草种比较大的，在播种后要浅耙并复合镇压；种子非常细小的，播种后直接镇压使种子与土壤结合紧密。

播种后管理主要是保持土壤水分，及时施肥，前期亩施 2～5 千克的尿素，可以促进生长，刈割 2～3 次后，每亩施 10～15 千克的复合肥，以促进生长，达到无机换有机的效果。

(3) 种草的优劣 人工种草可在短时间内形成漂亮的植被，密植后对杂草的压制能力较强，有些刈割后作为饲料甚至特菜有较高的经济价值，但种草的成本较高，包括投入种子、肥料及灌溉管理。种草春季开始生长的时间早于葡萄，与葡萄竞争水分，对于水资源短缺的地区不太适宜，而夏枯型的草如鼠茅草，雨季容易滞留水分，对于降水量大的黏土地也不适宜。此外人工种植的草也会引发外来病虫，如种植鼠茅草早春容易发生绿盲蝽危害；种植白三叶 6 月上中旬容易发生红白蜘蛛危害。搞清楚不同草类的虫害发生规律后，定时定向进行药物防治，人工种草也会有很好的效果。

3. 自然生草

(1) 自然生草的优势与草种的选择 葡萄园中自然生长着各种各样的杂草，剔除或淘汰恶性杂草，主要是双子叶高秆的如灰菜、苍耳、拉拉秧等，选留须根多、没有直立强大直根系、植株生长矮小、茎部不木质化、匍匐茎生长能力强、能尽快覆盖地面的草种，以及能够适应当地的土壤和气候条件，需水量小，与葡萄无共同病虫害且有利于葡萄害虫天敌及微生物活动的草种，经年培养形成自然草被。

葡萄园多倾向于自然生草，因为自然草的生长节律和降水基本一致，减少了与葡萄生长的竞争矛盾，而且自然生草不用播种，节省开支，只要定期刈割管理，特别是在未结籽前进行刈割，不耐割的草种逐渐被淘汰，耐割的草种逐渐固定形成相对一致的草皮，对树体生长发育的不良影响较小，也减少了病虫害的发生。

自然生草是通过多年自然竞争选择后存活下来的草种，资源相对丰富，能更好地适应果园的生态环境，而且产草量大，归还给土壤的有机质多，此外，自然生草易于果农进行管理，花费成本也相对较少（图 5-3）。

图 5-3 自然生草＋覆盖模式，碎草后原地腐烂

（2）自然生草的管理模式 一般推荐行间带状生草，行内防草覆盖，即将葡萄树干两侧 40～80 厘米覆盖防草布，行间草连续刈割。

刈割管理：当草长到 30 厘米以上时刈割。一年要刈割 3～6 次，控制行间的留草高度不超过 40 厘米。不同的草种留茬高度存在差异，如禾本科草为主一般留茬 10 厘米，即刈割高度在心叶以上，不能伤及生长点。豆科类草刈割高度为 15～20 厘米。

肥水管理：可于葡萄谢花后，气温逐渐升高前，选择雨后或小雨前，地面适量撒施尿素 2～4 千克/亩，补充氮肥增加生草的生长量，以尽快覆盖地面，减少葡萄气灼现象的发生。埋土防寒区每年秋末、不下架区隔年或几年后结合施有机肥进行一次翻压，再重新生草。

病虫害防治：自然生草园要采取统防统治的方法消除以草为宿主的害虫。可在绿盲蝽或其他虫害发生时，选择药剂进行全园或重点喷施地面杂草，做到定向精准防治。

4. 用于控制葡萄园杂草的机械 目前用于葡萄园杂草的管理机械种类越来越多，包括碎草机、手扶式割草机、坐驾式割草机以及园林草坪割草机等。机械化是生草管理的基础条件，每 50～100 亩葡萄园机械一次性投入 5 000～8 000 元（不包括动力机械），每亩地每年用人工 2 个工时左右。

碎草机或者是玉米秸秆还田机，可将草粉碎成 5～15 厘米的碎段就地还田。要求葡萄园具备 1.6 米以上的作业道并留有 4 米以上的回旋半径。

手扶式割草机，割幅 40～60 厘米，作业能力 2～2.5 亩/时，行走速度 2～4 千米/时、需要在地势平整且无较大石块的园区使用。一般用于行距较窄、大型机械不能通过的地块或草坪刈割工作（图 5-4）。

图 5-4 手扶式割草机

坐驾式割草机，割幅 80～120 厘米，作业能力约 50 亩/时，行走速度 12～20 千米/时，作业效率约 5 000 米^2/时。适应各种地形，但地面需要平整，石块、铁丝、塑料瓶对割草机影响较大，应及时清理。刈割时周边、特别是割草机前轮右侧严禁站人，防止飞出石块伤人，降雨以后刈割地面较软，轮胎容易下陷，要调整抬高刀片的高度（图 5-5）。

园林草坪割草机，操作简便，灵活，体积小，用于大型割草机

不能进入或割不到位的辅助机械。缺点是劳动强度高，工作效率低（图 5-6）。

图 5-5 坐驾式割草机

图 5-6 园林草坪割草机

三、覆盖栽培

1. 有机物料覆盖 利用果园生草修剪下来的草覆盖在行内或行间，或利用作物秸秆、生产下脚料如糠壳、锯末、酒渣、蘑菇棒渣、沼气渣等进行全园覆盖或行内覆盖。覆草最适用于山丘果园，平地覆草应防止内涝，涝洼地不适宜覆草。

覆盖一方面减少了杂草生长和除草作业，另一方面也能保湿，减少地表蒸发，降低夏季的地表温度，减少氮素化肥的挥发，同时控制了地表径流造成的土壤肥料流失。由于植物秸秆含有大量有机质和矿质元素特别是钾，长期覆盖翻耕能不同程度地增加土壤有机质及矿质元素的含量。有些有机物料如养殖蘑菇的菌棒或烟草加工的下脚料或茶叶加工末对土壤病虫害还有一定抑制作用。对于下架埋土防寒临界区，封冻前用稻壳、锯末、酒渣或蘑菇渣及其他秸秆进行地面覆盖，可不用下架埋藤，有防寒安全越冬效果。开春将覆盖物料翻耕到地下有增加土壤有机质含量的作用。

覆盖技术：按每亩用量 1 000～2 000 千克备料。麦秸、玉米秸、稻草等需要铡短，其他草一般可以直接覆盖。覆盖前需要整理土地，如果土壤严重板结应先翻松，如果干旱应先灌水，瘠薄果园需要在待覆盖的地面撒施一定量尿素，以免草料腐熟时与树体争氮。秸秆覆盖厚度一般 15～20 厘米，尽量摊匀并撒土压实，以防止被大风刮散，压实后厚度保持 5 厘米。其他沉实的物料可覆 3 厘米左右。注意近葡萄树处要露出根颈。覆盖物 3～4 年深翻一次，防止根系上浮。覆草后要严防火灾。

2. 覆盖地膜或地布

(1) 地膜覆盖 地膜覆盖是调节土壤湿度和温度，调节树体生长节律的一种重要技术措施，已经在一年生经济作物和保护地栽培上普遍应用。在各种颜色的地膜中，以黑色地膜控制杂草生长的效果较好。

不同生态条件应用地膜的时间和目标不同。在干旱山区生长季节覆盖地膜后可有效减少地面蒸发和水分消耗，保持膜下土壤湿润和相对稳定，有利于树体生长发育。在春季霜冻频发需要延迟发芽的地区，则需要根据当地霜冻发生时间和发芽时间来确定覆膜时间，以免过早覆膜后树体生长较快而受冻。覆膜后根系容易上浮，因此在冬季比较寒冷而又不防寒的地区也不适宜覆膜。

在多雨的平原地区，起垄覆黑地膜，可使过量的降水流到排水沟内排走，可减少植株对水分的吸收，控制旺长并减少杂草管理及其他管理作业。

覆盖地膜比较节省，但目前大部分销售的黑色地膜是 0.008 毫

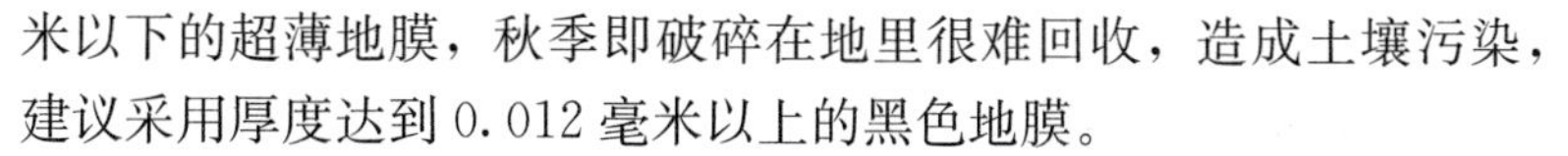

米以下的超薄地膜，秋季即破碎在地里很难回收，造成土壤污染，建议采用厚度达到0.012毫米以上的黑色地膜。

（2）园艺地布覆盖 园艺地布也称防草布、编织膜等，由聚丙烯或聚乙烯材料的窄条编织而成，颜色有黑色和白色，葡萄生产上以防草为目的主要使用黑色园艺地布（图5-7）。一般地布材料露地可使用3～5年以上，年使用成本低于0.24～0.4元/米^2，对于现代葡萄观光栽培具有重要价值。

图5-7 园艺地布覆盖

覆地布方法简单，关键是行内地面要平整一致，覆盖宽度一般1.2～1.4米，边缘用土压实、封严，但防草布压土后容易生草，最好用其配备的签子或自制木钉将无纺布边缘插入土内或用线绳缝严固定，地布上尽量无土，以免滋生杂草。每年要定时检查地布覆盖边缘是否牢固，防止大风撕裂；清扫保持地布表面没有土，防止杂草在地布表面生长，根系穿透损坏地布，人工拔除地布开口处的杂草。

3. 成本分析 葡萄栽培按行距3米计算：

①人工除草每年按5次计算，每亩用工费用投入800元。

②地膜覆盖每年每亩费用投入220元，其中地膜费用120元/亩+人工费用100元/亩。

③园艺地布覆盖每亩总投入523元，按3年的寿命计算每年每亩投资约174元，即

地布每亩投入费用：667÷行距3米×地布宽1.4米×地布单价1.2元/米^2≈373.5元；

年使用费：（373.5元+人工费150元/亩）÷3年地布寿命=174.5元/年。

第二节　葡萄观光园施肥

一、施肥原则与营养标准

1. 施肥原则　根据葡萄的施肥规律进行平衡施肥，根据叶营养诊断进行科学施肥，根据土壤及植株营养情况进行配方施肥，采用水肥一体化技术进一步减量施肥，多施有机肥，严格控制化肥使用量，避免环境污染。

2. 土壤营养水平评价　由于土壤性质和肥力的差异，以及作物种类的需肥差异，制定一个精确的施肥标准非常困难。建园时首先需要取样分析葡萄园土壤的营养状况，这是制定土壤改良和施肥计划的重要依据，中国曾制定了一个农田土壤评价标准（表5-1），山东省针对果树也制定了一个标准（表5-2），对比可以看出果树由于提倡上山下滩而多选择种植瘠薄土壤，有机质和氮素含量标准较低。

表5-1　全国第二次土壤普查标准

级别	有机质（%）	碱解氮（毫克/千克）	有效磷（毫克/千克）	速效钾（毫克/千克）
1很丰富	>4	>150	>40	>200
2丰富	3～4	120～150	20～40	150～200
3中等	2～3	90～120	10～20	100～150
4缺乏	1～2	60～90	5～10	50～100
5很缺乏	0.6～1	30～60	3～5	30～50
6极缺乏	<0.6	<30	<3	<30

表 5-2 山东果园土壤分级标准

	有机质（%）	全氮（%）	速效氮（毫克/千克）	有效磷（毫克/千克）	速效钾（毫克/千克）	有效锌（毫克/千克）	有效硼（毫克/千克）	有效铁（毫克/千克）
较高	>2.0	>0.1	>110	>50	>150	>3.0	>1.5	>20
适宜	1.5～2.0	0.08～0.10	95～110	40～50	100～150	1.0～3.0	1.0～1.5	10～20
中等	1.0～1.5	0.06～0.08	75～95	20～40	80～100	0.5～1.0	0.5～1.0	5～10
低	0.6～1.0	0.04～0.06	50～75	10～20	50～80	0.3～0.5	0.2～0.5	2～5
极低	<0.6	<0.04	<50	<10	<50	<0.3	<0.2	<2

国内专门针对种植葡萄的土壤评价标准还未见到，但国外针对酿酒葡萄制定的标准较多，从表 5-3 中可以看出，国外对有机质含量要求水平较高，对钾的要求标准也比较高，这是因为葡萄是喜钾果树，钾是糖分积累的必须元素，高糖型的葡萄对钾的需求也高于其他低糖的果品。

表 5-3 美国华盛顿葡萄园土壤评价标准

	有机质（%）	有效磷（毫克/千克）	速效钾（毫克/千克）	有效铁（毫克/千克）	有效锰（毫克/千克）	有效硼（毫克/千克）	有效锌（毫克/千克）	有效铜（毫克/千克）
极高	>3	>40	>200	>20	>15	>2.0	>3	>1.8
高	3～2	40～20	200～150	20～15	15～5	2.0～1.1	3～2	1.8～1.0
中	2～1.5	20～10	150～100	15～10	5～4	1.0～0.5	2～1	1.0～0.5
低	1.5～1	10～5	100～50	10～5	3～2	0.5～0.3	1～0.5	0.5～0.3
极低	<1	<5	<50	<5	<2	<0.3	<0.5	<0.3

3. **营养诊断施肥** 对土壤性质进行全面评价是建园时进行土壤改良和施肥的基础，如表 5-4 美国给出了针对不同磷钾水平所需要的施肥量。土壤营养测定相对比较简单，对指导生产过程中的施肥也有很好的参考价值。

表 5-4　葡萄种植前推荐施磷量和施钾量

土壤测定磷含量（毫克/千克）	P_2O_5施加量（千克/亩）	土壤测定钾含量（毫克/千克）	K_2O施加量（千克/亩）
2	22	60	36
4	15	120	27
6	12	180	18
8	8.5	240	9
10	5	＞240	0
＞10	0		

然而，树体的营养水平与品种、树势、土壤状况等有关，能精准反映树体营养水平的是叶/叶柄诊断。国外有较多的科研单位制定了诊断标准，同时也有地方农业部门和商业服务机构开展这方面的测定业务。随着我国农业智能化水平的提高，根据营养诊断精准施肥是可以做到的。进行叶/叶柄诊断的适宜采样时期，一是盛花期采集花序对面的叶或叶柄，二是果实膨大期至转色前期采集从顶端计数第 5～7 片叶（表 5-5、表 5-6）。

表 5-5　基于叶柄分析结果推荐的施氮钾量

叶柄氮含量（%）	施纯氮量（千克/亩）	叶柄钾含量（%）	施纯钾量（千克/亩）
＞1.5	0	＞2	0
1.3～1.5	1.5	1.5～2.0	7.5～14.9
0.9～1.3	2.2	1.0～1.5	14.9～22.4
＜0.9	3.0～3.7	＜1	22.4～29.9

表 5-6　葡萄叶柄花期和转色前养分标准范围

元素种类	盛花期*	转色前**				
	正常	缺乏	低于正常	正常	高于正常	过高
氮（%）	1.60～2.80 （*2.50*）***	0.30～0.70	0.70～0.90	0.90～1.30	1.40～2.00	＞2.10
磷（%）	（*0.16*） 0.20～0.60	≤0.12	0.13～0.15	0.16～0.29	0.30～0.50	＞0.51
钾（%）	1.50～5.00 （*4.00*）	0.50～1.00	1.10～1.40	1.50～2.50	2.60～4.50	＞4.60
钙（%）	0.40～2.50	0.50～0.80	0.80～1.10	1.20～1.80	1.90～3.00	＞3.10
镁（%）	（*0.20*） 0.13～0.40	≤0.14	0.15～0.25	0.26～0.45	0.46～0.80	＞0.81
硫（%）	＞0.10			＞0.10		
锰（毫克/千克）	18～100	10～24	25～30	31～150	150～700	＞700
铁（毫克/千克）	40～180	10～20	21～30	31～50 （*100*）	（*101*） 51～200	＞200
硼（毫克/千克）	25～50	14～19	20～25	25～50	51～100	＞100
铜（毫克/千克）	5～10	0～2	3～4	5～15	15～30	＞31
锌（毫克/千克）	20～100	0～15	16～29	30～50	51～80	＞80
钼（毫克/千克）				0.3～1.5		

注：* Mills et al. 1996，**Dami et al. 2005，***表中斜体代表 Rosen C. 和 Domoto P. 针对美国明尼苏达州和艾奥瓦州制定的标准。

二、葡萄需肥规律与年周期施肥

1. 葡萄营养元素需求量及其比例　近年国内对葡萄需肥规律进行了较多研究，不同研究者所得出的结论因品种、地域和气候的差异而有所不同，但规律大致相同，以中国果树所研究的巨峰葡萄结果为例，每生产 1 000 千克葡萄吸收的纯量氮素 5.67 千克、磷 2.37 千克、钾 5.66 千克、钙 5.70 千克、镁 1.02 千克、铁 153.45 克、锰 53.14 克、锌 36.25 克、铜 7.28 克、硼 41.84 克、钼 0.47 克。也有肥料公司推荐的大量元素施肥量为 N 6～8 千克，P_2O_5 2.6～3.4 千克，K_2O 10.5～14 千克。按照植株干物重计算的巨峰植株对各矿质元素的需求量，排序为钾＞钙＞氮＞磷＞镁＞铁＞锰＞硼＞锌＞铜＞钼。

通过解析盛果期巨峰葡萄植株矿质元素占干物质重的平均含量，再换算成比例，大量元素、中量元素氮：磷：钾：钙：镁的比例为 10.00：3.91：7.17：9.13：1.63，微量元素铁：锰：锌：铜：硼：钼的比例为 10.00：2.13：1.84：0.47：2.46：0.04。目前国内普遍采用的葡萄氮、磷、钾比例基本是 1：(0.3～0.4)：(1～1.2)，国外则大幅度提高了钾的比例，降低了氮的用量，而钙的比例与氮相同。

不同元素的吸收量差异很大，而中国的化肥利用率明显低于国外，大致为氮 30%～35%，钾 35%～45%，磷 25%～30%，这与所使用化肥的形态、施肥量及施肥方式有明显关系。根据吸收能力换算成氮磷钾施肥量，鲜食葡萄按照亩产 1 500 千克计算，采用滴灌施肥的氮磷钾水溶肥使用量为 50～80 千克，而传统施肥方式为 100～200 千克，过量施肥造成了利用率低且浪费大。

2. 葡萄营养元素年周期需求节律　众多研究均表明葡萄果实膨大期是葡萄养分的最大需求期，在巨峰、红地球及摩尔多瓦葡萄上的研究都证实，从新梢旺长到果实膨大期是氮、磷、钾元素营养的最大效率期，其中对于钾和钙的认知与常识不同，通常人们认为钾是增糖的元素，往往在转色期大量补充，钙也是如此，而近年的研究发现，葡萄果实膨大期是各矿质元素需求的高峰期，氮、磷、钾、钙、镁的吸收比例占全年总量的 42%～45%，微量元素中硼、钼约占 40%，锰、锌约占 30%，铁约占 10%。因此，从坐果到果实快速膨大期间是全年营养管理的重点，也是大部分营养元素使用量最大的时期，这与该时期葡萄处于新梢旺盛生长同时果实快速膨大有直接关系，因此，各种矿质元素都需要均衡供应。

从萌芽期到始花期是营养的第二大需求期，葡萄对氮、钾、铁、锰、锌、钼的需求量均超过了全年总需求量的15%，磷、钙、镁、铜、硼的需求比例也均超过了10%；而花期需求量较大的是氮、铁、钼，需求比例均超过15%，而磷、钾、钙、镁、锌的需求比例均为10%以上（图5-8）。

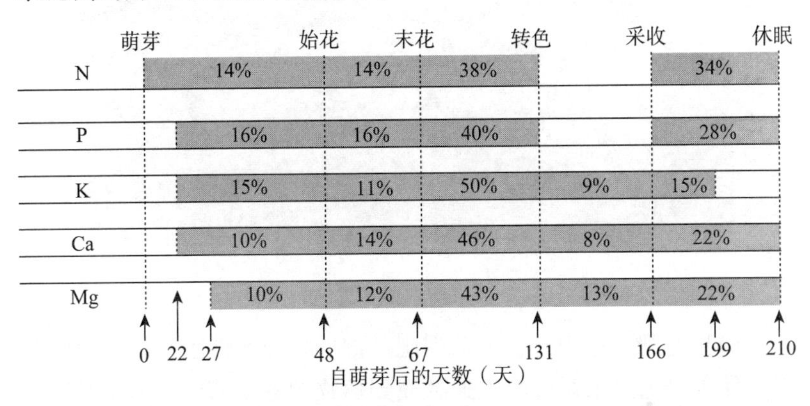

图5-8 各营养元素不同物候时期吸收比例

从转色期至成熟期鲜食葡萄植株对钾、锰和硼的需求量较大，其中钾的需求比例占全年吸收量的1/5，是膨大期的一半；植株对氮、铁和钼的需求量较少，均低于10%。

采收期至落叶期，以锰和锌的需求比例较高，占全年的1/4左右，其次是铁和硼，需求比例均超过15%，氮、钙、镁和钼的也均超过了10%，而磷和钾比例只有10%、5%。

3. 葡萄年周期施肥

(1) 基肥 施肥时期：一般为秋施基肥，在果实采收一周后至落叶前进行。

种类与施用量：以商品性有机肥为主，每亩用量1 000～2 000千克，树势偏弱的可补充三元复合肥20千克左右。

施肥方法：利用施肥机械如偏置式开沟机或施肥机（图5-9），在根系主要分布区外缘，一般距离树干40～60厘米以外，开30～40厘米深的沟，将肥料均匀撒入沟内并直接覆盖。可单侧施肥，年际之间交替施入。

图5-9　偏置施肥机

（2）追肥　追肥是在葡萄需肥关键期将速效性肥料施入根际附近，使养分通过根系吸收迅速补充到植物的各个部位。追肥时期主要为萌芽前、开花前、谢花后、果实膨大期，浆果着色期及采果后。实施水肥一体化的葡萄园则增加追肥次数至8～10次。无滴灌系统的则采用机械如深松振动施肥机或自走式履带施肥机，将化肥施入距离葡萄主干40～50厘米之外、深10～30厘米的土壤中，施肥后进行灌水。

萌芽肥：也叫催芽肥，促进芽眼萌发整齐。在萌芽前适当土施速效氮肥及磷、钾、钙、硼肥，施用量占全年的10%。此期间萌芽、展叶，花芽继续分化迅速形成第二和第三花穗的时期，需要大量的养分。基肥充足、土壤肥沃、树势偏强的品种以及巨峰系容易落花落果的品种，可不用追施氮肥。

开花肥：为了提高坐果率、使果粒发育一致、增强花芽分化能力，可于开花前7～10天进行追肥。如树体营养水平相对较低，养

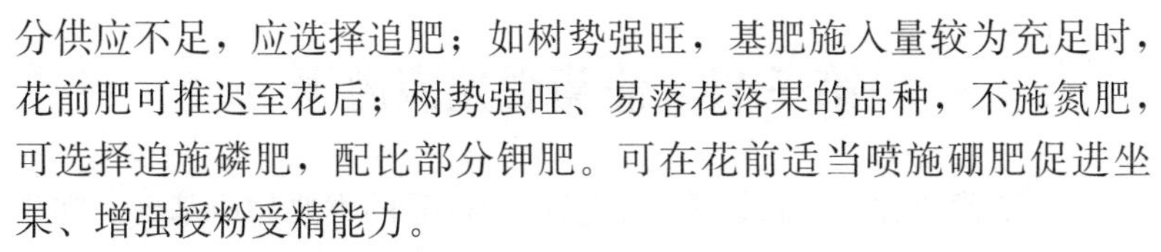

分供应不足，应选择追肥；如树势强旺，基肥施入量较为充足时，花前肥可推迟至花后；树势强旺、易落花落果的品种，不施氮肥，可选择追施磷肥，配比部分钾肥。可在花前适当喷施硼肥促进坐果、增强授粉受精能力。

膨果肥：谢花后正值花芽分化盛期，需要大量营养物质，是葡萄需肥最多的时期，所有元素这个时期补充都有比较高的吸收利用率，需施用大量的各种元素复合肥，氮、磷、钾、钙比例均等，施肥量占全年的一半左右。

转色期：钾肥施肥量占全年的20%左右，适当配合追施钙肥以及镁、钼等其他中微量元素，以加速果实着色、改善浆果品质、促进新梢成熟，延长叶片光合功能，提高树体储藏营养水平。

采后肥：目的是恢复树势，减缓叶片衰老，增加树体养分积累。采收后以氮、磷、钾为主，使用量占全年的20%以上。

(3) 根外追肥（叶面肥） 根外施肥一般于花前、花后、果实膨大期、转色期、采收后以及某种元素缺乏时进行。根外追肥可单独进行，也可结合喷药防治病虫害进行，特点是喷布方便，起效快，对于快速补充营养如硼、铁、锌等矫治缺素症效果好于土施。

开花前7～10天喷布尿素、磷酸二氢钾、硫酸锌等补充营养或矫治缺素，扩大幼叶面积，也可以喷布各种氨基酸肥，拉长花序，提高叶片质量，提高对霜冻的抵抗能力；花后可喷施1～2次0.2%的硼砂促进坐果；坐果后套袋前喷施2次氨基酸钙，增加果皮韧性减少裂果的发生；果实膨大期喷施尿素，种子发育期喷布一次磷酸二氢钾，转色期喷布1～2次磷酸二氢钾，喷施的浓度均控制在0.2%～0.3%。

根外追肥注意事项：根外追肥不能代替根际施肥。气温高时应降低浓度，避开中午高温时间。喷施时以叶背为主，均匀细致喷布。配制时应先用少量水配成母液，然后按需浓度稀释；与农药混喷时，先配好农药，再倒入肥料母液。尿素不能连续多次使用，否则会引起缩二脲的积累使叶片受害。

第三节　葡萄观光园灌溉

水是葡萄健壮生长、丰产、稳产和优质的重要物质基础。在生长期缺水会影响新梢生长和果粒膨大。严重缺水甚至会使果粒皱缩或脱落。在干旱季节灌水，可确保植株和果实正常生长；在高温季节喷灌，可降低温度，减轻日灼发生；冬季适当灌水，可提高地温，减轻或避免冻害。

一、水源及灌溉设施

1. 水源、水质　园地附近要有充足的水源。如流量不能满足灌溉用水要求时，要根据具体情况修建相应的引提蓄水工程。缺水葡萄园应结合雨季排水设施建设，在较低位置修建蓄水池塘。

水质要符合《GB 5084—2005 农田灌溉水质标准》。在城镇郊区选择灌溉水时，不宜在排放有害物质的沟渠或有污染的水源取水。一般井水污染较轻，但应注意测定重金属元素含量是否超标。

2. 灌溉设施　灌溉设施系统，是指灌溉工程的整套设施。它包括三个部分：水源及管道、泵房；水源取水动力输送、灌溉区域的输水管道系统等；在灌溉区域分配水量的配水系统，包括灌溉区内部各级管道以及控制和分配水量的控制阀等。

二、灌溉方式

1. 滴灌　滴灌是利用塑料管道将水通过直径约 10 毫米毛管上的孔口或滴头送到作物根部进行局部灌溉（图 5-10）。滴灌是目前干旱缺水地区最有效的一种节水灌溉方式，水的利用率可达 95%。滴灌结合施肥，即将水分和水溶性化肥养分一滴一滴均匀而又缓慢地滴入根区土壤中，可提高肥效一倍以上。

滴灌所需要的工作压力低，能够较准确地控制灌水量，即按照葡萄需水要求进行灌溉，可减少无效的田间蒸发，不会造成水的浪费，滴灌结合自动化管理系统，更为便捷省工。

图 5-10 滴灌

2. 喷灌 喷灌的形式主要分为两种：地插式和悬挂式。地插式供水主管铺设在地面上，然后根据葡萄株距的要求，随意调整安装位置，自行打洞安装喷头。喷头连着玻璃纤维杆插在土里，喷洒范围可以根据高度来调节。另一种是悬挂式，也就是把供水主管悬挂在空中，然后喷头通过连接软管从主管处吊下来，为了防止风吹喷头乱晃，喷头上都有一个加重模块。雾化效果视喷嘴的精密度而定，一般雾化好的喷洒半径较小，雾化差一些的喷洒半径要大些。

吊喷一般安装在温室、连栋大棚内，主要是改善棚内的小气候，增加湿度，夏季遇高温时，适时开喷淋能起到降温作用；萌芽前涂破眠剂后开喷淋增加湿度，有助于提高萌芽率并使发芽整齐；萌芽后遇倒春寒，适时开喷淋可避免发生冻害（图 5-11）。

图 5-11 设施葡萄吊喷

3. 传统灌溉方法 沟灌、畦灌等传统的漫灌方法，因其对肥水的浪费大，已经越来越少使用，但某些情况下可以合理运用漫灌，如盐碱地通过漫灌的方式可以洗掉土壤中的部分盐分，降低土壤的 pH。葡萄园浇封冻水时也可以采用漫灌方法，使土壤达到充足的持水量。

三、灌溉关键时期

1. 根据葡萄的物候期灌溉

发芽前后至开花前：萌芽期供给充足的水分，萌芽后新梢生长期适当控水，花前适当供水，田间持水量控制为 65%～75%。

谢花后至幼果膨大期：为需水临界期。应加大供水时间，此期土壤应保持适宜持水量为 80%～85%。

转色期：浆果着色初期既是果实第二膨大期也是花芽大量分化期。保持均衡的持水量，避免遇强降雨造成裂果，此期土壤适宜湿度控制在相对含水量的 75%～80%

采收前后至休眠期：采收前适当控水，提高果实品质。秋季干旱地区适时充足供水，有助于基肥的分解。土壤封冻前进行一次充分灌溉，灌好封冻水利于植株安全越冬。

2. 异常天气供水 遇高温干旱时期应加大供水量。特殊高温干旱时期，滴灌满足不了需水量，会导致果实因缺水变软，可于清晨或傍晚进行沟灌，避免白天灌水，造成焦叶、软果现象。发生干热风天气可以启动微喷增加微环境的空气湿度。

CHAPTER 6
第六章

葡萄观光园病虫害及灾害预防

第一节　葡萄观光园综合防控技术

一、物理防治

植物病虫害防控的核心是贯彻“预防为主，综合防治”的植保工作方针，防重于治，以防为主，防、治结合。因此充分利用物理防治和生物防治，减少化学药剂的使用，降低生产成本，生产优质、无污染的高质量葡萄产品是葡萄观光园的工作重点。

物理防治是利用病虫害对光谱、温度、声响等的特异性反应和耐受能力，杀死或趋避有害生物，葡萄园可实施的物理措施有以下几种：

1. **套袋避害**　目前鲜食葡萄生产上应用普遍且有效的防病措施是果实套袋，套袋既可以减少病虫危害，增加果品安全性，又可以提高果品外观质量。

2. **悬挂黑光灯、频振灯**　可诱杀鳞翅目和鞘翅目等害虫。一般架设高度应高于葡萄架面，半径300～500米设置一盏灯，能有效地控制葡萄园害虫的发生，节约大量的农药费（图6-1）。

图6-1　太阳能杀虫灯

3. 粘虫板 利用害虫对颜色敏感的特征引诱害虫。黄板可诱杀白粉虱、飞虱、叶蝉等，蓝板可诱杀果蝇、蓟马等害虫。防治粉虱、叶蝉类，每亩悬挂规格为25厘米×30厘米的黄板25～30块，或20厘米×30厘米的黄板30～35块。防治果蝇、蓟马等害虫，每亩悬挂25厘米×40厘米的蓝板30块，或25厘米×20厘米的蓝板35块。具体使用数量应根据粘虫板上附着的害虫数量情况而调整。可自制粘虫板时，取一块硬纸板或PVC板涂上黄或蓝漆，漆干后再涂上机油即可，可根据诱虫密度（或1周）清洗纸板1次，再涂上机油重复使用（图6-2）。

图6-2 诱虫粘板

4. 树干涂白 涂白不但可以防止果树的日灼和冻害，而且还能消灭大量在树干上越冬的病菌及害虫，是休眠期果树病虫害防治及树体保护的重要措施。涂白可分2次进行，第1次涂刷在果树落叶后至降温前，目的是防寒、杀虫、杀菌；第2次涂刷在5～6月，目的是防日灼（图6-3）。

图6-3 葡萄树干涂白

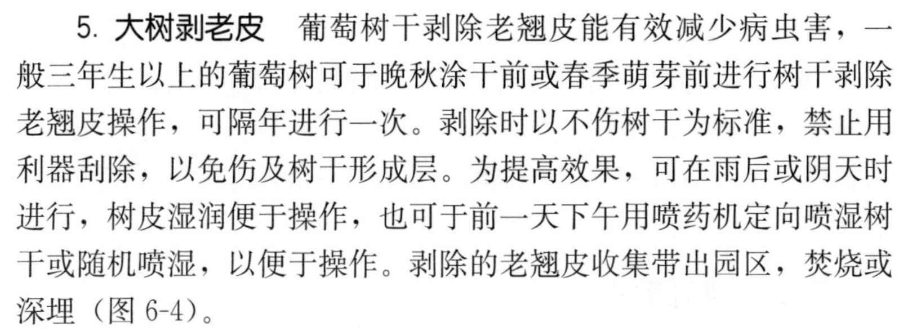

5. **大树剥老皮**　葡萄树干剥除老翘皮能有效减少病虫害，一般三年生以上的葡萄树可于晚秋涂干前或春季萌芽前进行树干剥除老翘皮操作，可隔年进行一次。剥除时以不伤树干为标准，禁止用利器刮除，以免伤及树干形成层。为提高效果，可在雨后或阴天时进行，树皮湿润便于操作，也可于前一天下午用喷药机定向喷湿树干或随机喷湿，以便于操作。剥除的老翘皮收集带出园区，焚烧或深埋（图 6-4）。

6. **葡萄树干上绑粘虫带**　惊蛰前或在害虫上树觅食前，于葡萄树干高 30～50 厘米处缠绕双面粘虫胶带，可以最大限度地防止栖息在土壤及草根上越冬的害虫上树进行危害。这段时间是防治土栖害虫的最有利时机，主要防治葡萄绿盲蝽、象甲类、金龟子等类型的害虫。

7. **悬挂糖醋罐**　糖醋液配制的比例为糖∶醋∶酒∶水＝1∶4∶1∶16，可诱杀金龟子、果蝇等害虫，每 6 平方米悬挂 1 个为宜，定时清除诱集的害虫，每周更换一次糖醋液（图 6-5）。

图 6-4　老翘皮下的虫卵

图 6-5　糖醋诱蝇笼

8. **清园**　葡萄落叶后进入休眠期的时段虽然看不到病虫害，但是一些病菌孢子及有害虫卵均藏匿在葡萄枝叶和土壤中越冬，对翌年病虫害的发生带来潜在危害。清扫落叶能有效地减少病菌、降低害虫基数，为翌年的防治减轻压力，特别是当年病虫害发生严重的园区，清园尤为重要。清园分两次进行，一是在葡萄休眠期结合剪枝进行冬季清园，清扫落叶和修剪后的枝条；二是在绒球期进行春季药物清园。

二、生物防治

1. 保护和释放天敌 利用昆虫天敌进行寄生是目前生物防治的主要方法，应用较多的是释放寄生蜂，如利用赤眼蜂可防治鳞翅目、双翅目、鞘翅目等昆虫；释放周氏啮小蜂能有效防治美国白蛾及其他蛾类。

2. 利用拮抗微生物 拮抗微生物是指分泌抗生素的微生物，如哈茨木霉菌，具有广泛适应性、抗菌广谱性、拮抗机制多样性等优点，可防治葡萄灰霉病、白粉病、炭疽病、霜霉病等多种病害。

3. 利用昆虫激素防治害虫 喷施激素后，调节害虫生长发育的内源激素的平衡被打破或遭到破坏，昆虫的生命力降低，活动力减少，影响其蜕皮和繁殖，增加了昆虫的死亡率。如蚊蝇醚是一种几丁质合成抑制剂，影响昆虫的蜕皮和繁殖，导致葡萄果蝇化蛹阶段死亡，抑制成虫羽化；灭蝇胺是一种新型 1，3，5 -三嗪类昆虫生长调节剂，可诱使葡萄果蝇幼虫和蛹发生畸变，不能羽化；氟虫脲是几丁质合成抑制剂，使昆虫不能正常脱皮或变态，可防治葡萄螨类。

三、化学防治

1. 化防优势 化学药物具有高效、使用方便、成本低等优点，但使用不当可对植物产生药害，杀伤有益微生物，导致病原物产生抗药性，毒性大或高残留的农药还可能造成环境污染，甚至引起人畜中毒。化学防治是在提倡物理防治、生物防治的基础上，按照病虫害发生的规律，科学合理地综合防治，因此，重在预防，前防后治，目标是将病虫害的发生程度控制在一定水平之下，不成灾，不

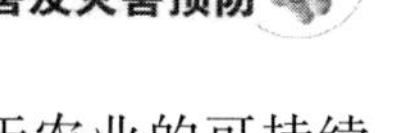

减产，不减效，不对环境和生态造成危害，有利于农业的可持续发展。

为了充分发挥化学防治的优点，减轻其不良作用，应当按照国家颁布的标准要求，选择葡萄上允许使用的高效、低毒、低残留农药，采用高效喷药器械，将农药使用量降到最低限度。

2. 化防机械 葡萄病虫害防治是葡萄园各项作业劳动中频次高、强度大的工作之一。传统的背负式喷药机以及拉管子式的电动喷雾机等都已不适应现代葡萄园的作业要求，一方面是劳动强度大，作业时间长，更重要的是其喷药雾滴大、用药量大，人为因素多，喷药质量没有保障，防治效果比较差。

规模化的葡萄园必须利用各种现代化的喷药机械来提高防治质量，这是减少病虫成灾又安全环保的关键，在各种现代化喷药机械中，强力风送式喷雾机是比较合适的选择。

风送式喷雾机有悬挂式、牵引式和自走式等（图 6-6、图 6-7）。牵引式又包括动力输出轴驱动型和自带发动机型两种。葡萄园主要适宜机型为中小型悬挂式动力输出轴驱动型、小型悬挂式或自走式机型。自走式履带机型爬坡能力强，适用于坡地葡萄园或窄行篱架。充足的行距和行长，以及足够大的回旋半径，有利于机械的高效运行，提高工作效率。

图 6-6 喷药机

图 6-7　自走式履带喷药机

第二节　葡萄枝叶主要病虫害防治

葡萄园病虫害种类以及发生时间因所在地区气候条件的不同以及栽培模式的不同而有明显差异，有关葡萄病虫害的论述是大多数葡萄栽培书籍中的重点篇幅，因此，本书省略了有关病虫生物学及葡萄发病规律等的描述，相关资料建议查看专业书籍，在此仅介绍作者在实践中总结的防治要点和救灾措施。

一、葡萄叶部主要病害防治要点及救灾措施

1. 霜霉病

(1) 防治要点　葡萄霜霉病是葡萄上最普遍发生且容易爆发流行的叶部病害，控制不好会导致早期落叶，直接影响果实商品性和树体营养。避雨栽培是从根本上避免霜霉病危害的核心技术。防控霜霉病的综合措施包括休眠期清园，夏季控制副梢，及时发现，及时预防。早晨观察新梢结露持续的时间，持续 3 天 9 点还有露水，这时是防治霜霉病的最佳时期。

保护药剂：代森锰锌、波尔多液。

内吸药剂：烯酰吗啉、霜脲氰、霜霉威、氟噻唑吡乙酮（可分散油悬浮剂）。

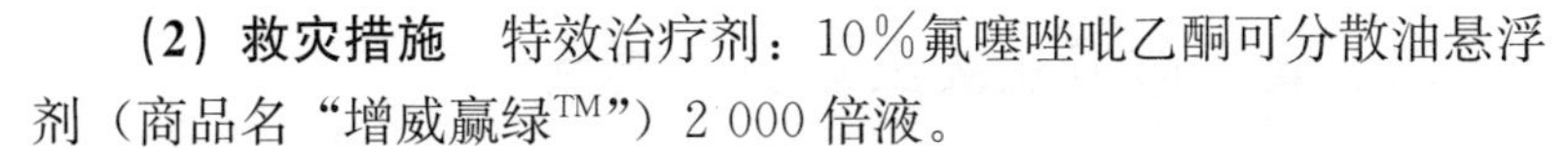

（2）救灾措施 特效治疗剂：10％氟噻唑吡乙酮可分散油悬浮剂（商品名“增威赢绿™”）2 000倍液。

80％代森锰锌可湿性粉剂600倍液加80％烯酰吗啉水分散粒剂1 500倍液（带露水喷，80％烯酰吗啉水分散粒剂1 000倍液）。

花穗或幼果感染发病时，用25％吡唑醚菌酯乳油2 000倍液加80％烯酰吗啉水分散粒剂1 500倍液，重点喷花穗或果穗，以后正常管理。

2. 白粉病 葡萄白粉病是设施葡萄栽培中重要的病害之一，以前只在干旱地区危害严重，近年随着避雨栽培和大棚设施栽培面积的扩大，该病害发生的范围和程度也逐年加重。露地葡萄遇到少雨年份或少雨时期也会不同程度发生或流行。

（1）防治要点 对于有利于白粉病发生的地区或设施栽培的园区，在开花前后是防控白粉病发生的关键时期。保护药剂：代森锰锌可湿性粉剂，于发病前后配合使用。内吸药剂：醚菌酯水分散粒剂（不能与杀虫剂乳油，尤其是有机磷类乳油混用）、氟硅唑乳油、苯醚甲环唑水分散粒剂。

（2）救灾措施 80％代森锰锌可湿性粉剂600倍液加10％苯醚甲环唑水分散粒剂1 000倍液全园喷施。80％代森锰锌可湿性粉剂600倍液加40％氟硅唑乳油8 000倍液。

3. 褐斑病 高温高湿是褐斑病发病的主要因素，葡萄管理粗放，缺肥及下部不通风的葡萄园易发病，地势低洼、挂果负载量过大容易发病重，初夏开始发生，初秋逐渐加重，会导致一些敏感品种早期落叶。

（1）防治要点 加强田间管理，适当增施有机肥，增强树势，提高抗病能力。喷药防治时要着重喷下部叶片。有效药剂：代森锰锌、氧氯化铜（王铜）、腈菌唑、苯醚甲环唑、嘧菌酯。

（2）救灾措施 发病后立即用50％腈菌唑可湿性粉剂2 000倍液喷施，重点喷发病叶片。3天后，再喷施80％代森锰锌可湿性粉剂800倍液加10％苯醚甲环唑水分散粒剂2 000倍液，以后正常管理。

二、葡萄枝叶主要虫害防治要点

1. **绿盲蝽** 绿盲蝽成虫和若虫刺吸葡萄嫩梢和花穗的液汁，被害幼叶开始产生细小黑色坏死斑点，随幼叶长大坏死斑扩大并形成不规则穿孔，严重时叶片皱缩畸形。开花前新梢摘心后主要危害花蕾，被害花蕾谢花后小果粒上产生小黑点，似黑痘病，随果粒膨大果面形成不规则伤疤。影响当年新梢生长、开花结果和果品质量。

防治要点：

(1) 减少越冬虫源 冬剪后严格清园，清除园内及附近杂草，减少越冬卵。危害重的园区宜在春季再进行一次翻耕灭草，减少第一代若虫的发生。

(2) 及时防治 葡萄绒球期可选用50%腈菌唑可湿性粉剂2 000倍液+48%毒死蜱乳油1 500倍液；展叶后立即用药，10%吡虫啉水分散粒剂1 500倍液、4.5%高效氯氰菊酯乳油1 500倍液。开花前每隔5～6天喷一次，防治效果良好。

(3) 傍晚或清晨喷药 绿盲蝽具有白天潜伏、夜晚危害的特征，因此要选在傍晚或清晨进行喷药防治，对树干、顶部嫩梢、地下杂草、园区四周植物，进行全面细致地喷药。一旦成虫大发生，要全园统一在晚上进行大范围机械喷药根治，防止成虫蹿飞（图6-8）。

图6-8 葡萄绿盲蝽危害状

2. **白粉虱**

白粉虱以若虫、成虫在葡萄叶背吸食汁液，造成叶片褪绿，白化或黄化甚至干枯。成虫的排泄物似蜜露，俗称叶片煤污病，使叶片的光合作用和呼吸作用受阻，同样果穗上也会发生煤污病，影响其商品性。温室内比较容易发生白粉虱，当虫口密度过大时，被污染的叶片和果穗完全变黑（图 6-9）。

防治要点：温室放风口安装防虫网，减少外来虫源；悬挂黄板诱杀，按每 15～20 米^{2}分配 1 块，悬挂于葡萄架上。

在相对密闭的设施内采用熏杀法，选用 20%异丙威烟熏剂 400 克/亩，也可使用烟雾机熏杀。可选择 2.5%联苯菊酯乳油 1 500 倍液加 25%噻嗪酮可湿性粉剂 1 500 倍液、5%高效氯氰菊酯乳油 1 500倍液加 10%吡虫啉水分散粒剂 3 000 倍液。

图 6-9　葡萄白粉虱危害后叶片呈煤污状

3. 虎天牛

（1）防治的关键是掌握其生活习性　虎天牛一年生一代，以幼虫在枝蔓内越冬。第二年春葡萄伤流期开始危害，7 月下旬在枝蔓内化蛹，蛹期 15 天左右，8 月中旬为羽化期，卵多产于当年新梢鳞芽缝隙和叶腋缝隙处，葡萄休眠期开始越冬。初孵幼虫多从芽基部蛀入茎内，向基部蛀食，受害后变黑，粪便不排出，受害枝条易风折（图 6-10、图 6-11）。

（2）防治要点　于冬剪时剪除有虫枝条焚烧，并收集部分受害枝条用于观察羽化时间，方法是将枝条装于编织袋内，在编织袋上开一窗口，用透明胶带封上，挂在葡萄行头，定时观察羽化时间，羽化后的成虫会被沾在胶带上，这时是田间防治成虫的最佳时机。选用药剂 5%高效氯氰菊酯乳油或高效氯氟氰菊酯乳油 1 000 倍液，可隔行喷施，3～4 天喷一次，连喷 3 次。

人工扑杀幼虫，葡萄伤流期幼虫危害处会有小水珠出现，清晨拿一长铁钉或针头在枝蔓变黑处或有水珠处戳杀幼虫；发现折断的结果母枝和萎蔫新梢及时寻找幼虫并处理掉。

图 6-10　葡萄虎天牛枝条危害状

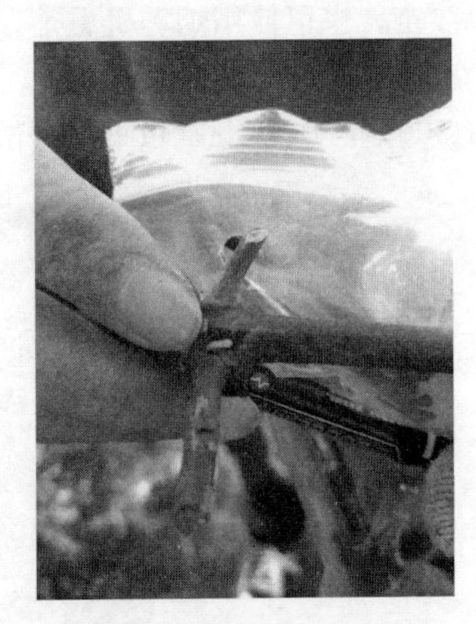

图 6-11　葡萄虎天牛幼虫

第三节　葡萄果实主要病虫害防治

一、果实主要病害防治要点

葡萄果实病害是鲜食葡萄生产的头号威胁因素，受气候特别是降雨的影响发生程度年际间有一定变化，掌握病害发病规律（请查阅专业书籍资料），及早进行防治，根据发病症状迅速诊断病害类别，准确用药。

1. 葡萄灰霉病

（1）防治措施　葡萄初花期是葡萄灰霉病发生的主要时期，花期遇雨是葡萄灰霉病的高发期，发现园内有一穗葡萄开花，是防治葡萄灰霉病的最佳时期。

优秀保护药剂：代森锰锌、乙烯菌核利、腐霉利、异菌脲。

优秀内吸治疗剂：嘧霉胺、抑霉唑、多抗霉素。

（2）救灾措施　谢花末期连喷 2 次，80%代森锰锌可湿性粉剂 600 倍液加 22.2%抑霉唑乳油 800 倍液；80%代森锰锌可湿性粉剂 600 倍液加 40%嘧霉胺可湿性粉剂 800 倍液。

2. 葡萄炭疽病

（1）防治措施　开花前、坐果后是防治的关键时间，葡萄套袋是减少和避免炭疽病发生的关键措施。套袋前严格掌握喷药的质量与时间，喷药后立即套袋，不能超过 2 天。

优秀保护药剂：代森锰锌、波尔多液、吡唑醚菌酯。

优秀内吸治疗剂：美铵（水剂）、苯醚甲环唑、醚菌酯。

（2）救灾措施　20%苯醚甲环唑水分散粒剂 1 500 倍液、10%美铵水剂 400 倍液任选一剂，连喷 2 次，间隔 4～5 天。修剪下病穗、病梢清理出园。

3. 葡萄白腐病

（1）防治措施　尽量提高结果部位，树下生草或覆膜；发病史严重的地块可用 50%的福美双 1 千克配 20～50 千克细土处理树周围的土壤，可减少病害发生。

优秀保护药剂：代森锰锌、丙森锌。

优秀内吸治疗剂：苯醚甲环唑、氟硅唑。

（2）救灾措施　20%苯醚甲环唑水分散粒剂 1 500 倍液；20%苯醚甲环唑水分散粒剂 2 000 倍液加 40%氟硅唑乳油 8 000 倍液；间隔 5 天喷第二次，细致地喷匀果穗。

4. 葡萄酸腐病　葡萄酸腐病是真菌、细菌和果蝇联合危害引起的。果皮上的酵母把各种伤口渗出的糖转化为乙酸，气味引诱来醋蝇，其在取食过程中传播醋酸菌引发酸腐淌水，俗称尿袋（图 6-12）。

图 6-12　葡萄酸腐病

（1）预防措施　尽量避免在同一园地

种植不同成熟期的品种；适当稀植，保持通风透光；发病重的地区选栽抗病品种。

避免伤口，包括早期防治好绿盲蝽等虫害减少刺吸伤口；幼果期使用安全性好的农药避免果皮受药害伤；安装防雹网避免雹伤，合理使用激素类药物避免裂果；疏粒避免果穗过紧挤裂；膨果期供给充足水分，采用滴灌，避免生育期水分供应不平衡造成雨季裂果；避免过量使用氮肥等。

(2) 防治措施 选80%波尔多液可湿性粉剂600～800倍液加4.5%高效氯氰菊酯乳油1 500倍液混合使用，是目前酸腐病化学防治的唯一办法。葡萄园要经常检查，发现病粒及时摘除，集中深埋。

(3) 救灾措施 80%波尔多液可湿性粉剂600～800倍液加4.5%高效氯氰菊酯乳油1 500倍液加50%灭蝇胺可湿性粉剂2 000倍液。每天清晨或傍晚，用烟雾机，复配4.5%高效氯氰菊酯乳油300倍液加50%灭蝇胺可湿性粉剂2 000倍液进行熏杀，发病严重的果园每周喷一次。

5. **葡萄穗轴褐枯病**

(1) 防治措施 增加通风，降低田间湿度，控制氮肥用量，葡萄展开4叶后，叶面喷2次磷酸二氢钾或钾肥，加快穗轴木质化速度，是防治该病发生的重要措施(图6-13)。药剂防治：代森锰锌、多抗霉素、苯醚甲环唑。

图6-13　葡萄穗轴褐枯病

(2) 救灾措施 用20%的苯醚甲环唑水分散粒剂1 500倍液，单喷发病果穗；再用80%代森锰锌可湿性粉剂800倍液加50%多菌灵可湿性粉剂600倍液，全园喷施。

6. **葡萄溃疡病** 葡萄溃疡病自2010年在我国首次报道，属于葡萄座腔菌属真菌病害，主要危害葡萄果实及枝干，发病后引起果实腐烂、枝条溃疡，严重时导致裂果烂果和枝干枯死，病菌主要通过雨水传播（图 6-14）。在防治过程中常被误认为是穗轴褐枯病、白腐病或水罐子病。

（1）预防措施　生长季节及时剪除病穗。落叶后彻底清除病僵果、病叶等病残体并集中烧毁。提高树体抗病能力，及时整枝、打叉（注意避免造成撕裂伤口），改善架面通风透光，降低环境湿度。合理负载，严格控制产量。

图 6-14　葡萄溃疡病

（2）防治措施　用 80％代森锰锌可湿性粉剂 600 倍液＋50％腐霉利可湿性粉剂 800 倍液＋40％氟硅唑乳油 8 000 倍液全园细致喷雾。果穗发病采用定向喷雾法或蘸穗，用 97％抑霉唑乳油 3 000 倍液喷雾或 10％苯醚甲环唑可分散粒剂 1 000 倍液喷雾。

二、果实主要虫害防治要点

葡萄果实上的主要害虫有棉铃虫、葡萄实象甲、金龟子、吸果夜蛾、葡萄瘿蚊等，与当地生态条件以及周边农作物或林木有关，一般不会单独成灾，要采用综合防治措施，首选是套袋，其次是利用物理和化学防治的方法进行人工扑杀、灯光诱集、黄蓝粘虫板、糖醋液、昆虫信息素、昆虫生长调节剂等诱杀，最后是根据害虫发病规律，使用包括微生物源及植物源杀虫剂等进行前期防治，把握适期喷布化学药剂避免成灾。加强栽培管理，增强抗虫能力，消灭越冬虫源。

1. 棉铃虫　棉铃虫主要以幼虫取食穗轴或果梗，造成部分果穗和果粒干枯死亡或脱落；取食幼果时引起果粒腐烂，在气温潮湿或果实套袋的情况下造成整个果穗腐烂。

对棉铃虫一般不单独进行防治，棉铃虫主要危害葡萄幼果，所以在果实幼果期和套袋前结合其他病虫综合防治。在园区围墙边可种植玉米或棉花等棉铃虫喜欢的植物，形成诱杀带单独喷杀；也可以安放黑光灯或频振式杀虫灯。

套袋前，选用4.5%的高效氯氰菊酯乳油2 000倍液加0.5%甲氨基阿维菌素苯甲酸盐乳油3 000倍液混合，进行喷雾杀灭幼虫；套袋后如有棉铃虫危害可使用4.5%的高效氯氰菊酯乳油1 500倍液，用手持小喷雾器从果袋下部的透气孔向内喷药。

2. 葡萄实象甲 葡萄实象甲的成虫和幼虫危害果实和种仁。成虫在种子内产卵，形成的孔洞周围会稍微隆起，有黑褐色分泌物，被害部随果实长大而略显凹陷；幼虫在发育期间取食种仁，被害果明显小，不能食用。

防治要点：根据当地物候期，于葡萄开花后、成虫出土前，在葡萄架下地面上喷施48%毒死蜱乳油1 000倍液或50%辛硫磷乳油500倍液；或3%辛硫磷颗粒剂10千克/亩，地面撒施。适时摘除病粒，浸泡在水中或放容器内沤制发酵，杀灭幼虫和卵。

3. 金龟子 危害葡萄的金龟子有多种，较严重的是白星金龟子，主要危害成熟的葡萄及葡萄花穗。以群集成虫危害葡萄成熟果实，造成果穗腐烂，引发酸腐病的发生，使整个果穗失去商品价值。

综合防治：避免园内施用未腐熟的畜禽粪肥能减少金龟子的危害。用糖醋液诱杀（酒：红糖：醋：水＝1：1：3：4，20米^{2}放置一个糖醋液容器）；用90%敌百虫原药20倍或40%毒死蜱乳油50倍液拌切碎的菠菜加适量香油，撒于有虫聚集的地表，毒杀成虫。用50%辛硫磷乳油800倍液＋4.5%高效氯氰菊酯乳油1 000倍液；80%敌百虫可湿性粉剂800倍液，喷雾防治。

第四节　葡萄观光园防灾减灾

一、霜冻防御技术

1. 春霜冻预防措施 葡萄发芽较晚，早春发生的低温对尚未

萌芽的葡萄较少构成威胁，但四月中下旬乃至五月初发生的剧烈降温往往会造成葡萄霜冻。一般夜间短时间降温到0～1℃对已经发芽的葡萄不会造成绝产，但如果降温到－4℃左右，或者－2℃持续较长时间，会对葡萄产量造成较大伤害。

随着天气预报服务水平和预报准确性的不断提高，为期2周的天气预报可以很方便查到，因此葡萄栽培技术员需要根据当地往年霜冻发生情况，及时查看气温变化信息，提前做好准备，将霜冻危害降低到最小。

防霜措施：

（1）避免低洼地建园　霜害多发区应避免在洼地以及背阴坡建园。最理想的种植区在缓坡的中上部，就是所谓的“无霜带”，冷空气聚集在谷底，远离缓坡中上部；水陆之间温差引起的空气环流，也可以减少霜冻的危害。

（2）选择高干树形　在降温时段冷空气沉降，越接近地面温度越低，选择棚架、高干树形可降低霜冻危害程度。

（3）种植容易二次结果的品种　在晚霜危害频繁的地区，注意选择容易副梢结果或二次结果的品种，以备霜冻危害后的葡萄产量弥补。

（4）降低地温推迟发芽　春季气温明显上升之后、发芽之前，适当大水灌溉2次，降低地温，延迟发芽时间，同时能增加湿度避免枝条抽干。

（5）喷布防霜剂　在降温发生前一周叶片喷布各种防霜剂，如天达2116、碧护等有防霜效果的叶面肥以及含有各种小分子氨基酸的防霜剂1～2次，可提高嫩叶抗霜冻的能力。此外，喷布脱落酸也能提高耐结冰能力并降低副梢生长量。

（6）地面灌溉　有经验的果农发现，霜冻来临前一天如果进行了灌溉，树体发生霜冻的可能性明显降低，原因可能是水分凝结需要散发热量从而提高局部气温；安装了滴灌系统的应开启设备进行彻夜滴灌。

（7）熏烟防霜　霜冻夜间在上风头熏烟是防霜的传统措施，适当储藏作物秸秆，或者将冬剪下的葡萄枝条和落叶等距离（12～15米）堆放在葡萄行间，当夜间温度接近零度时点燃，需要较多人守护，避免伤及葡萄植株。虽然此法容易简单操作，但近年来环保禁止焚烧秸秆，因此还要根据实际情况慎重选择。

（8）简易覆盖 事实证明，在建筑物、防风林等附近的葡萄树霜冻危害轻，因此，在进行越冬简易覆盖的地区，葡萄上架后可将轻薄的无纺布或塑料布保留在行间，如果遇到低温来临，可在来风一侧将无纺布或塑料膜搭盖在第二道铁丝上，霜冻期过去之后再收起保存。

（9）喷灌 喷灌系统在降低霜冻的发生率和危害程度方面很有效，是国外比较流行的一种防霜设施。微喷管与滴灌管平行安装，每个立柱上安装双向喷头，随着降温开启系统，喷出来的水在已经发芽的新生器官上形成冰晶包裹。安装高位（约2.5米）微喷系统效果更好，喷出的水冻成冰的过程释放的热可以保护葡萄树体及芽免受冻。喷施时间尤其重要，可于降温前开始，要一直持续到太阳升起或气温将冰融化，这是喷灌能否有效的关键。否则，附着的冰随着慢慢融化，葡萄枝干的热量被消耗，也能引起冻害。喷灌的水分尽可能保持一致和持续，通常在气温降至1℃时开始喷（图6-15）。

图6-15 智利微喷装置防霜

注：双管并列，双喷头，每柱安装一个。

（10）安装固定的或移动的风扇进行空气搅动，使用风机混合空气也是防霜冻的一项技术（法国葡萄产区）。将风机安装在距地面4～7米的高度，风机头略微向下倾斜6°安装，风叶旋转以吸收上层暖空气并将其向下和向外吹，通常3.5千米/时的风速可有效防止霜冻。虽然此技术有效，但噪音太大。安装天然气燃烧系统也是国外尝试的防霜措施（图6-16）。

图6-16　智利天然气燃烧装置升温防霜

2. 秋霜冻预防措施　在中国北方无霜期短、秋季降温迅速的地区，经常在葡萄叶片尚未自然脱落时甚至果实尚未采收时就发生霜冻。在比较温暖的地区这种情况偶然发生。

避免秋霜冻一方面必须严格按照无霜期来选择适宜的品种，避免晚熟品种；另一方面栽培上采取正确的技术措施，包括前期注意控产，后期控水控氮肥，让新梢及时停长，使芽体及时成熟包裹严密，叶片营养及时回流。在当地可能发生秋霜冻的时段，严密监控气象预报，在寒流来临前夕漫灌或开启滴灌系统进行充分灌溉，当秋霜冻发生时开启喷灌系统，降低秋霜冻危害（图6-17）。

图6-17　昌黎碣石山区发生霜冻

二、雹灾防御技术

1. 选址避免冰雹区　冰雹发生有明显的地域性和路线，建园前应进行调查，尽量避免选择冰雹容易发生的地段（图 6-18）。

2. **架设防雹网**　在雹灾多发区架设防雹网是防灾的有效措施，也兼起到防鸟的作用。防雹网普遍采用价格低廉的聚乙烯网，网眼边长以≤1.5 厘米，≥1.2 厘米为宜。防雹网的支架可与葡萄立柱合二为一，但立柱长度增加至 3 米，埋入地下 60 厘米，以增加稳定性和具备承载防雹网的能力。也可在原有立柱基础上用钢管或木棍增高。连接支柱的网架用 8～10 号（3.5～4 毫米）铁丝拉设，架垫可用旧轮胎制作，规格 15 厘米×10 厘米（图 6-19）。一般于冰雹发生期之前铺设，采收后撤到行头捆扎包裹，仓库储藏。

图 6-18　冰雹危害

图 6-19　防雹网设置

三、鸟害防御技术

1. **鸟害问题**　近年来，由于人们对生态环境保护意识的增强，鸟类数量增加，果园内鸟类危害越来越猖獗，严重影响了水果的产量和质量，成为果园生产面临的一个棘手问题。危害葡萄园的鸟类种类繁多。常年在中国葡萄园中活动的鸟类有 20 余种，南方地区危害葡萄的鸟类主要是山雀、白头翁等，北方地区则主要是麻雀、灰喜鹊。

一年中果实上色至成熟期是鸟类危害最严重的时期，其次是发芽初期至开花期；一天中黎明和傍晚是危害高峰时段。红色、大

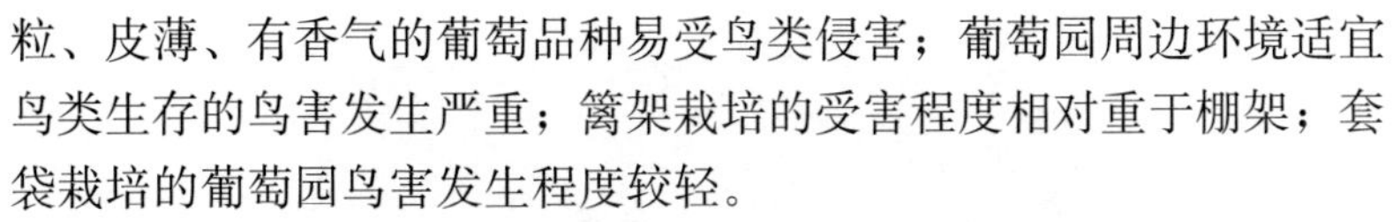

粒、皮薄、有香气的葡萄品种易受鸟类侵害；葡萄园周边环境适宜鸟类生存的鸟害发生严重；篱架栽培的受害程度相对重于棚架；套袋栽培的葡萄园鸟害发生程度较轻。

葡萄进入转色期后受芳香气息的吸引，害鸟能准确定位成熟早的葡萄果穗，甚至能撕开纸袋，啄食成熟的果粒；被啄食的伤口会引起盘菌属或葡萄孢属等真菌的滋生，从而引起烂果、尿袋（图6-20），因此防鸟对于果园是非常艰巨且重要的任务。此外，观光园在制定害鸟防治策略时还需要考虑游客的感受。

图 6-20　鸟害危害果穗状

2. 防鸟措施

（1）防鸟网　在鸟类开始危害之前即果实开始转色或变软后，采用聚乙烯网将结果部位或全部葡萄植株覆盖起来，在采收后撤去或绑扎于行头即可。防鸟网铺设方法是先在葡萄架面上 0.75～1.0 米高处，用 12～14 号钢丝拉成纵横支持的网架，网架上铺设用尼龙丝制作的专用防鸟网，网架的周边垂下地面并用土压实，以防鸟类从侧旁飞入（图 6-21、图 6-22）。由于大部分鸟类对暗色分辨不清，因此应尽量采用白色尼龙网，不宜用黑色或绿色的尼龙网。

（2）果穗套无纺布袋避鸟　在一些鸟类较多的地区可套无纺布袋，因为灰喜鹊、乌鸦等体型较大的鸟类常能啄破纸袋。果穗套无纺布袋是最为简便的一种防鸟害方法，既能起到纸袋的隔离作用，又不影响果实上色。

图 6-21　澳大利亚在葡萄转色后用机械铺盖的防鸟网

图 6-22　防鸟网架设

(3) 化学药物驱鸟　向果树喷施鸟类不喜啄食或感觉不舒服的化学物质，迫使鸟类到别的地方取食。氨茴酸甲酯是目前我国唯一已注册可用于多种农作物上的化学防鸟剂。常见的驱鸟剂有颗粒型、喷雾型、膏体型、原油型等，建议选择趋避时间较长的颗粒型和原油型。田间悬挂樟脑球和叶面喷施福美双对鸟类也有驱避作用。

(4) 视觉驱鸟　在树上挂些耀眼的彩带、光盘或在地上铺反光膜，利用反射光使害鸟不敢靠近。

(5) 声音驱鸟　将礼炮声、鞭炮声、害鸟天敌鸣叫声或鸟类求救声录下来，在果实着色期将录音机放于果园中心，设置好响度和自动开启的时间，间歇性播放或直接放鞭炮和气炮，7～10 天内有显著效果，但鸟类习惯后又会重新飞回危害，因此还须与其他防治方法结合使用。

四、涝害防御技术

1. 使用抗涝砧木　葡萄总体上是抗涝性较强的树种，但抗性砧木抗涝性明显强于欧亚种和欧美杂交种等栽培品种。在抗性砧木中有河岸葡萄亲缘关系的砧木比有沙地葡萄亲缘关系的砧木更抗涝，因此SO4、5BB、101－14M及3309C等砧木的抗涝性强于110R、140Ru及1103P。

2. 建园防涝

（1）修建排水设施、破除黏板层　建园时不但要注意本园的排水系统，也要考虑周围环境的洪水出路，详见建园一章。

对于土层浅薄的地块建园时需要打破上部的黏板层，以避免发生内涝。山区丘陵地建园时不能仅仅挖穴，需要打破较浅的石板层并畅通地下排水通道，否则雨水会长期滞留在穴内导致内涝死树（图6-23、图6-24）。

图6-23　大泽山山地葡萄园内涝

图6-24　排水设施

（2）起垄栽培　在北方降水量较大或地下水位较高的平原地，在不需要下架埋土防寒的情况下可以起垄栽培，结合覆黑地膜或无纺布，可使过量的降水流到排水沟内排走。起垄高度以方便机械化作业为宜。

（3）限根栽培　在地下水位较高、降水量较大的南方地区，仅仅起垄不能够达到防涝渍的效果，因此，目前在推广限根栽培技术，即地下部采用塑料布等隔离上行水，地上部采用各种材料包括塑料、砖、水泥板等形成一个培育池（图 6-25），里面放置高有机质含量的栽培基质，采用水肥一体化进行水肥供应，结合避雨栽培进一步减少降雨危害，具体建造技术可参考相关文献。

图 6-25　不同形式的限根栽培

3. 涝后管理　涝后管理以恢复树势、增加储藏营养、增强越冬性为目标。淹水后土壤板结滞水，需要及时松土散发水分。较长时间淹水后葡萄根系处于厌氧呼吸状态，大量细根死亡，根系的吸收机能受到影响，应该相应减少枝叶量，去掉部分新梢和果实，达到地上和地下新的平衡。及时进行病虫害防治，重点是防治霜霉病和果实病害，配合喷药进行根外追施尿素或磷酸二氢钾，氨基酸钙等叶面肥。

五、预防旱灾技术

1. 使用抗旱砧木　沙地葡萄与冬葡萄杂交系列的砧木如 99R、110R、140Ru、1103P 等属于抗旱性较强的砧木，抗旱砧木具有深根性的特点。一般可以选择生长势稍强的 110R，非常干旱瘠薄的丘陵山地可以选择生长势强旺的 140Ru 或 1103P。

2. 提高抗旱性的建园环节

(1) 改良土壤结构增加保墒能力　挖沟局部改良土壤。干旱瘠薄地一般土层浅，土壤有机质含量低，土壤结构差，因此需要局部换土，即挖深80～100厘米的沟，将行间结构好的表层土及大量的有机肥置换到沟内，详见建园一章。

（2）集水、节水灌溉　缺水的葡萄园结合雨季排水设施在较低位置修建蓄水池或集雨池，安装滴灌设备，采用膜下滴灌或管灌（图6-26）。

图6-26　蓄水设施

（3）使用保水剂　种植苗木时或秋施基肥时在根系下方土壤中撒入一定量的保水剂，保水剂是利用强吸水性树脂做成的一种超高吸水能力的高分子聚合物，可吸收高于自身重量数百倍的水分，吸水后可缓慢释放供植物吸收利用，且具有反复吸水功能，从而增强土壤的持水性，减少水的渗漏和蒸发，对土壤中的无机氮有一定的保持能力。第一次使用保水剂，建议选用颗粒大的保水剂型号，每亩用量5千克，或每株使用20克。保水剂对尿素吸附效果良好，可按照水∶尿素∶保水剂＝1∶1∶0.04的比例将保水剂放入尿素水溶液中，吸附后再施入土壤内。保水剂寿命4～6年，其吸放水肥的效果会逐年下降，因此，每年施尿素时每亩还需要混施入1～2千克进行补充。

3. 抗旱栽培技术措施

（1）喷布抗旱剂　黄腐酸（FA）是一种天然生物活性有机物质，并含有Fe、Mn、B、Ca等营养元素。使用黄腐酸能在一定限度上通过关闭气孔降低蒸腾，抗旱保水，促进植株粗壮。目前产品有黄腐酸抗旱龙或旱地龙，使用方法是于干旱季节特别是干热风季节叶面喷布黄腐酸 1 000 倍液或黄腐酸 1 000 倍液＋氨基酸钙肥 500 倍液 3～4 次。黄腐酸也可以随灌溉水施入土壤。目前研究证实，一些新型工业化生产的生长调节剂如芸苔素内酯、脱落酸等喷布叶片也有较好的抗旱作用（图 6-27）。

图 6-27　夏季高温旱害

（2）覆盖保墒　覆盖地膜或园艺地布是干旱地区保水防蒸发的简便途径。生长季节覆盖地膜后可有效减少地面蒸发和水分消耗，保持膜下土壤湿润和相对稳定，有利于树体生长发育（图 6-28）。

图 6-28　园艺地布覆盖保墒

六、预防冬季冻害

1. 栽培抗寒品种　葡萄观光园露天栽培的部分，特别是不能

下架防寒的架式，如大棚架，长廊等，需要种植抗寒性强的品种。不同地区应根据冬季最低温度水平选择相匹配的抗寒品种类型。各种葡萄中，以山葡萄的杂交品种酒葡萄品种抗寒性最强，在辽宁、河北、内蒙古一带可以露天栽培；抗寒性较强的是美洲种为主的种间杂种如香百川、威代尔、白维拉、康可、黑狐香、摩尔多瓦等，在河北、山东、山西一带可以露天越冬；欧美杂交种的鲜食葡萄抗寒性明显弱于前者，在埋土防寒临界区有些年份会发生冻害，但其优于欧亚种；欧亚种的品种最不耐寒。目前国外正在致力于欧亚种优质抗寒品种的杂交育种。

2. 建园环节考虑防寒

（1）种植抗寒砧木嫁接苗　种植抗寒砧木嫁接苗是从根本上预防冻害的基础，也是最节省的技术。目前生产上所推广应用的抗根瘤蚜砧木其抗寒水平均显著高于欧亚种及欧美杂交种的栽培品种。在寒冷季节土层20厘米处最低温度高于零度的地区，所有的抗性砧木都可以选用，因此主要考虑影响砧穗组合的其他因素；而在20厘米土层低于零度的地区，优先选择深根性的抗性砧木，如110R、140Ru、1103P等。

（2）为根系提供深厚的“棉被”御寒　根系是葡萄最不耐寒的器官，寒冷地区建园时必须挖沟80～100厘米深，沟内添加足量有机肥局部改良土壤，越寒冷的地区沟应越深，使根系向下深扎而不是向行间水平延伸，实践证明，喜好氧气的葡萄肉质根在改良好的土壤里当年就能下扎到沟底，能成功抵御地表的严寒。

3. 栽培管理提高抗寒性　葡萄枝条结构疏松，储藏营养水平低下，是我国栽培葡萄抗寒性差的重要原因，一切有利于提高植株储藏营养水平的管理措施均有利于提高植株的抗寒性。地上部管理包括合理负荷，延缓主梢叶片衰老，适当保留副梢，增加叶片光合时间和光合能力，适时采收，控制病虫害等。其他保护植株提高抗寒性的栽培管理技术参见第四章相关内容。

CHAPTER 7

第七章

葡萄观光园建设管理与组织营销

第一节　葡萄观光园硬件建设

一、建筑组成

1. 办公区　房屋建设是葡萄观光园的一部分。一般建筑面积不能超过园区总面积的1%，要根据整体规划的目标进行投资施工，做到经济适用，局部空间布局合理，相邻建筑之间自然过渡，突出特色建筑风格。

办公区是整个园区的指挥中心，设有接待室、会议室、总经理室和财务部、营销部、技术部、生产部、后勤部等。办公区一般建设在园区入口处，方便接待来宾。建筑风格上要与园区主题风格一致（图7-1、图7-2）。

图7-1　葡萄观光园建筑群

图 7-2 仿木屋风格办公区

2. 餐饮区 一种类型的餐饮是接待游客和对外接待婚宴、酒席等，可建设在智能温室大棚里即生态餐厅，也可设在园区入口外、停车场附近，既便于管理也方便游客。另一种类型是自助餐厅、团体大锅菜等（图 7-3），适宜建在园区内绿地草坪周边或设施葡萄大棚架下。自助厨房和住宿相结合，可采用仿木屋、石屋或当地有特色的老式建筑。

图 7-3 自助灶台

3. 旅游接待中心、产品营销大厅 建在园区入口外和停车场附近，便于游客咨询、买票、购物、休憩和品尝产品，减少游客在园区内购物出入的不便和提物的疲劳。产品营销大厅是对外展示的一个窗口，服务于不同目的前来的游客。例如，有的人时间紧张只为购买葡萄，不进园区游玩，可以在最短的时间内快捷购买（图 7-4）。

图 7-4　旅游接待中心及产品营销

4. 仓库　分农资库和农机库，一般建在办公区附近，或建在园区中心，主要方便管理及领物便捷。

农资库分为农药库、肥料库、种子库等，都要有独立房间。

例如，农机库分为正常农机库区、维修农机区及待检农机区、配件存放区、小型工具存放区、农具存放库等几个不同区域（图 7-5）。

图 7-5　农机库

二、配套设施

1. 服务设施　服务设施包括：无线 Wi－Fi 网络覆盖、线上智慧信息服务（网络端和移动端开发）网站、电子商务等。

线下的旅游集散服务：营销服务中心、产品展销处、周边城市直营店等服务设施。构建旅游集散中心有利于城乡联合进行市场营销，建立区域整体的预订和销售网络系统。

旅游标识系统：旅游导览牌包括综合介绍牌、指示牌、景点介绍牌；环卫设施服务等（图 7-6）。

图 7-6　导向牌

2. 游览设施　游览设施是满足游客在园区内空间位移的需求，增加运动性、趣味性、游览便捷性的投入。根据园区的收费标准可运用现代便捷的付款方式收费，手机扫码付或手机扫码开锁等，例如：多人自行车、电瓶观光车、马车等（图 7-7）。

图 7-7　多人自行车

3. 绿化设施　绿化设施包括自然景观、人造景观、滨水景观、道路绿化等。绿化设施建设首先要考虑总体艺术布局上的协调，根据各区的主要功能采用不同的植物配植方式；其次要考虑四季景色的变化，科学进行季节性植物景观布局，做到四季有景可赏，全面考虑植物在观形、赏色、闻香等方面的视觉和嗅觉效果（图 7-8、图 7-9）。

图 7-8　休憩亭、花海

图 7-9　滨水景观、道路绿化、葡萄长廊

4. **运动、娱乐设施**　葡萄观光园的娱乐设施要区别于城市娱乐设施，要就地取材，体现乡土气息；重视对当地自然、人文资源的挖掘，突出环境主题，与观光园景观相融合。投资娱乐项目要根据目标游客的风俗习惯选择，所选的娱乐项目应具有安全性、娱乐

性、新颖性、不可替代性等。

（1）体验快乐田园情趣 在田园中设计一些能调动游客参与热情的活动场地和设施，如篝火晚会、葡萄架下的运动娱乐设施等。篝火晚会的活动很容易将成年人带回无忧无虑的青少年时代，让都市里的孩子留下田野篝火的记忆。把运动娱乐设施如儿童乐园设计在葡萄架下（图 7-10），置身清新凉爽的绿色空间，安全又有田园情趣。

（2）设计不同年龄游客的娱乐设施 出行游玩一般都是家庭同行，在娱乐设施活动的设计上，要设置不同年龄段人群的喜好，如儿童娱乐设施、青少年拓展项目、绳网运动项目、浮桥、游泳池、射箭、迷你高尔夫等，同时设计一些老少皆宜的活动内容，如亲子游戏、家庭厨房等。

（3）设置团队活动设施 设置舞台用于团队活动场地，可举办文化活动、音乐会、娱乐项目比赛等，也可用于企业推介活动场地，增加园区活动项目，丰富园区娱乐内容。

（4）设施投资与注意事项 设施项目投资应根据自身经济能力，切勿贪图不切实际的“高大上”；项目内容要根据目标游客的风俗习惯和接受度。项目建设务必将安全性放第一位，尽量使用安全牢靠的无动力设施（无动力机械、无电力机械控制的设施），慎重发展动力游乐项目如摩天轮、动力游览小火车等（图 7-11、图 7-12）。

图 7-10 儿童运动娱乐设施

图 7-11　青少年运动娱乐设施

图 7-12　成人运动娱乐设施

三、发展中存在的问题

1. **盲目或重复建设**　目前有部分园区没有总体规划或发展方向，造成观光园发展目标不明确、布局不合理，重复建设严重。部分投资者只看到眼前和局部利益，凭一时头脑发热或听从他人和领导建议盲目开发；有些园区模仿重复城市绿化景观、休闲活动设施，仅仅停留在外观“好看、高大上”的层面上，实际对游客缺乏吸引力。

2. **偏离主题**　“主题”是观光园建设的理念核心，一个园区必须有自己鲜明的主题，应求精不求全。切记避免建筑风格不一致，主次不分，杂乱无章；用绿化树木打造景观，偏离“葡萄”主题，失去园区的特色和优势；种植上盲目追求产量，没有精品观念，以上问题将最终导致产品销售困难，游客逐年减少。葡萄观光园发展其他旅游和娱乐项目只是葡萄生产这个载体上衍生出来的一

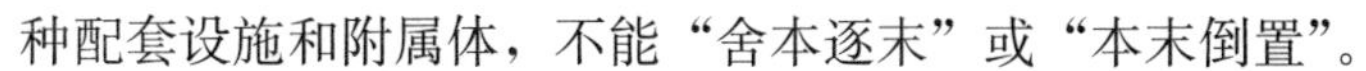

种配套设施和附属体，不能“舍本逐末”或“本末倒置”。

3. **经营理念偏差** 有人做农业是凭着一种所谓的情怀，或者是受地方政府农业扶持政策的利诱，就贸然跨界而来，想到哪做到哪，与专业经营理念差距较大。有些人做了园区后发现关联的项目很多，本来是想种葡萄、栽果树，然后发现餐饮不错，深加工也很不错，再深入下去会发现可以做的项目太多了。不相关的项目投入，高大上的建筑投资，家族式的管理模式等，衍生出了一大堆问题，再到后来，面对一个大摊子，发现精力完全不够，园区已经被弄得面目全非。

4. **贸然改变土地性质** 部分投资者在观光园建设过程中，背离最初投资意向，逐步减少了葡萄种植投入，甚至通过大肆建设旅游设施、住宿建筑，非法改变土地用途，减少农业生产投入等逐步削弱葡萄观光园的生产功能，增加了葡萄观光园项目投资开发的经济和社会风险，也使葡萄观光园失去了对游客的吸引力，从而面临失败的危险。

第二节 葡萄观光园文化建设

一、文化优势

1. **葡萄与葡萄酒历史悠久，文化底蕴深厚** 没有哪种果树能像葡萄这样具有世界范围内的深厚历史色彩、文化色彩和宗教色彩。随着越来越多的考古发现，葡萄的历史不断被刷新。专家从考古遗址发现的葡萄籽推测，新石器时代人类喜欢采摘食用葡萄，史前人类很可能在种植葡萄以前，已经开始用野生葡萄制作饮料了。

在人类文明史中，葡萄酒扮演了重要的角色。在犹太和基督教的宗教典籍中，在古代散文、诗歌中都能发现葡萄酒的踪迹。葡萄酒作为宗教祭祀品，在圣经中约521次被提及。耶稣在最后的晚餐上说“面包是我的肉，葡萄酒是我的血”。

我国是世界葡萄三大起源地之一，古老的《诗经》中就有葡萄的相关文字记载，后来的《史记》《汉书》中也有所记载，当时葡萄尚写作“蒲陶”“蒲桃”“葛藟”等。然而，分布在中国的葡萄种类与中亚和西欧明显不同，属于东亚种，基本是野生类型，华中和长江以南地区是野生葡萄资源最为集中的地区，分布着30多个葡萄野生种和类型，分布广泛的毛葡萄、刺葡萄等现已被驯化家植，东北抗寒的山葡萄等被利用为育种资源广为人知。

欧亚种栽培葡萄的引进始于汉朝，公元前139年汉武帝遣张骞作为外交使臣率人到西域，引进了葡萄、石榴、萝卜、棉花、苜蓿等植物，于是离宫别馆旁尽种蒲陶、苜蓿。

中国历史上葡萄酒的繁荣见诸史册中，《汉书·地理志》记载，凉州（今武威）“酒礼之会，上下通焉，吏民相亲”；“富人好酿葡萄酒，多至千余斛”。魏文帝曹丕喜喝葡萄酒，颁下中国历史上唯一的葡萄诏书《凉州葡萄诏》。唐明皇与杨贵妃则时常“持玻璃七宝杯，酌西凉州蒲萄酒”。

元朝是中国古代社会葡萄酒业和葡萄酒文化的鼎盛时期。元朝统治者对葡萄酒非常喜爱，在山西太原、江苏南京开辟葡萄园，在宫中建造葡萄酒室，规定祭祀太庙必须用葡萄酒。意大利人马可·波罗曾在元朝政府供职17年，《马可·波罗游记》中记载：山西太原府有许多葡萄园，酿造很多葡萄酒，贩运到各地去销售。山西流传一首这样的诗：“自言我晋人，种此如种玉，酿之成美酒，令人饮不足。”

明朝徐光启的《农政全书》卷30，曾记载了多个栽培的葡萄品种：水晶葡萄，晕色带白，如着粉，形大而长，味甘；紫葡萄，黑色，有大小两种，酸甜两味；绿葡萄，出蜀中，熟时色绿，至若西番之绿葡萄，名兔睛，味胜甜蜜，无核则异品也。琐琐葡萄，出西番，实小如胡椒，……云南者，大如枣，味尤长。

清朝康熙皇帝酷爱葡萄酒，据说是在一次患疟疾后接受了传教士的建议，每日喝杯红酒，一直保持到去世。清徐作为内陆种植葡萄最多的地区，至今还保留着乾隆年间颁发的葡萄园地契。由此可见，葡萄由于葡萄酒的“加持”而成就了无可比拟的历史。

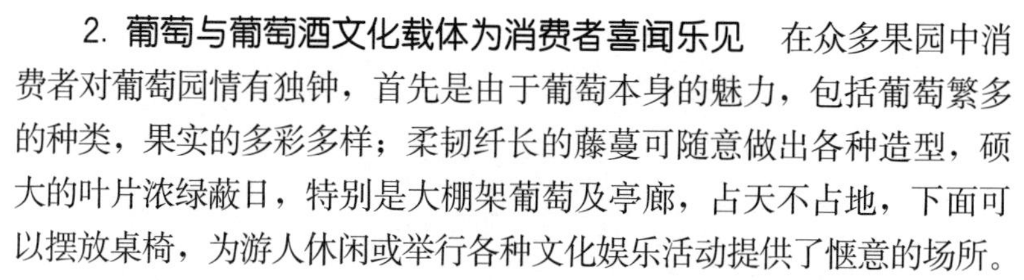

2. 葡萄与葡萄酒文化载体为消费者喜闻乐见　在众多果园中消费者对葡萄园情有独钟，首先是由于葡萄本身的魅力，包括葡萄繁多的种类，果实的多彩多样；柔韧纤长的藤蔓可随意做出各种造型，硕大的叶片浓绿蔽日，特别是大棚架葡萄及亭廊，占天不占地，下面可以摆放桌椅，为游人休闲或举行各种文化娱乐活动提供了惬意的场所。

葡萄是男女老少均喜爱的果品，一串串垂坠的葡萄果穗，或鲜红、或黑紫，或黄绿，成熟时如玛瑙、如翡翠，晶莹剔透，青翠欲滴，充满了诱惑力，既是日常消费果品，更是传统节日如中秋节不可或缺的果品。而随着生活水平的提高，特别是健康意识的增强，饮用葡萄酒成了生活消费水平提高的标志。葡萄酒的出现，不但丰富了人们的生活，也为文学作品增添了素材，有关葡萄与葡萄酒的诗词歌赋是中国传统文化的重要内容之一。

3. 文化形式丰富多样，实用性强　葡萄、葡萄酒本身及其诗词歌赋、名言名句或名人可用于文化宣传，如制作标牌，雕塑、绘画等。室内可利用多媒体宣传葡萄的年生长及生产过程，各种葡萄酒的加工生产工艺。

田间可参与葡萄生产、果实采摘等，都是休闲的好方式。

在葡萄园良好的环境中，吟诗作赋或挥毫泼墨，描绘丹青，无论对成年人还是对青少年都是修身养性的好方式（图 7-13 至图 7-18）。

图 7-13　曲阜高楼葡萄基地标志

图 7-14　奥地利葡萄小镇标志

图 7-15　园区标志性雕塑

图 7-16　张裕葡萄酒博物馆 3D 壁画

图 7-17　田间活动

图 7-18　各种亲子活动

二、文化建设的形式

1. 文化氛围打造

（1）宣传标牌　主要是诗词歌赋标牌、营养挂牌、宣传品等。

长廊道路两侧的标牌可以书写完整的有关葡萄或葡萄酒的诗词歌赋、名人警句，以供游人特别是青少年吟咏歌唱。也可以根据地方特色或传统做成主题，如红色主题可采用毛泽东诗词，伟人家乡采用名人故事或名言等。如葡萄园能作为青少年实践教育基地，也可以印刷成宣教手册发放给学生，以光大传统文化。

葡萄长廊和主干道路是弘扬文化的重要场所（图 7-19），可以对主干道分别命名，如“新长征路”“青春大道”“健康之路”“创新芳径”等，在长廊上匹配悬挂名言警句，如对青少年可选择一些鼓励读书、上进的话语；鼓励年轻人创新进取可选择一些名句和现代流行语；与健康、家庭、养生保健相关的可选择名言或者营养配方等。道路两旁、大厅或餐厅等聚会场所也可以装饰与葡萄、葡萄酒相关的雕塑作品、老物件、图片、摆件等（图 7-20 至图 7-22）。

图 7-19　长廊文化

图 7-20　长廊红色文化

图 7-21　墙壁雕塑

图 7-22 木雕葡萄文化

（2）葡萄文化宣传 在传媒技术高度发达的时代，有条件利用各种手段更好地宣传葡萄与葡萄酒文化，建设一个多媒体大厅，配备多媒体设备，提供丰富多彩的观赏内容，如，观众可以观看所在葡萄园的管理画面，了解所消费产品的生产过程，给观众特别是青少年播放专业题材的纪录片，如葡萄嫁接苗生产技术、葡萄四季生长管理技术、各种葡萄酒生产技术、葡萄酒品尝技巧等。

2. 面向中小学生的文化活动

（1）诗词大会 近年中央电视台发起的中国诗词大会栏目在海内外尤其是青少年群体当中产生了强烈反响，带动了学国学，传播传统文化的热潮，葡萄观光园提供了一个优美应景的平台，可供青少年开展各类文娱活动。所选主题可以与葡萄、葡萄酒相关；也可以是传统节日主题，如清明节——怀念及歌颂春天；端午节——宣传爱国；七夕——仰望银河并吟咏爱情，加入航天天文等科普元素；中秋节——吟花颂月，期盼团圆，庆祝丰收，加入登月等科普宣传；重阳节——敬老、咏菊颂秋；等等。所选形式可以仿照电视台，也可以创新。

（2）朗诵会、辩论会 与时令结合或与节日结合，组织一场轻松愉快的散文诗歌名篇朗诵会，或者与参与者教育内容结合的朗读会，寓教于乐，有利于青少年的身心健康。针对我国青少年大多不善言辞羞于表达的特性，建议组织一些锻炼口才与思辨能力的辩论会，所选题材可以来自学生所关心的，也可以与时事现实相关。辩论形式可以先在小团队如班级内进行，选出优胜组再登台比赛，期望通过辩论提高孩子们的认识能力，增强表达勇气，锻炼口才等。

(3) 科普与田间实践 一方面可以利用多媒体了解葡萄、葡萄酒的专业知识，更重要的是开阔青少年的视野，把课堂上的生物学课程搬到田间，让孩子认识植物，认识昆虫，认识所享用产品的生态环境，甚至也适当参与一些简单的劳动，如摘副梢，采摘葡萄、酿酒等。

(4) 品尝活动 可以根据季节，让学生品尝各色葡萄品种，让孩子通过品尝劳动果实从而热爱自然和农村，从小培养孩子亲近自然。

3. 面向大中专学生的文化活动 如果葡萄观光园周边有大中专学校，可积极联系与学校建立学生实践教育基地，除了举办各种文化文娱活动，进行科普，更重要的是结合物候期进行专业实习和实践，包括果品和葡萄酒的营销，为青年走向社会提供一个锻炼的平台。

4. 面向企业的文化活动场所 葡萄观光园是企业或集团开展企业文化活动的良好场所，应主动与企业联系，建立互动网络，甚至共同投资，为员工休闲，集体文娱活动，相亲活动，集体婚礼等进行必要的建设。

5. 乡土情怀追忆 农业生产不仅为中华民族的繁衍生息提供了丰富多样的衣食产品，也为中国文化的发展提供了色彩缤纷的精神财富。在快速发展的现代社会，农业承担着传承传统文化载体的职能。人具有亲近大自然美好环境的本能，也具有寻根溯源的期望。发达繁华的城市和人们的快节奏工作，在一定程度上割裂了人与农业乡土文化的联系，因此，通过葡萄观光园能向城市居民展示更多的乡土情怀。

(1) 农耕展示馆 展示中国农业文明的发展历程，通过春种、夏耕、秋收、冬储农业生产环节的工具展示（图 7-23），介绍传统的农耕生产，让游客了解农耕生活、农耕文化。

图 7-23　清徐葡萄酒庄葡萄运输工具

（2）乡村博物馆　乡村博物馆可以收集展示当地各类古老乡村的用具和乡村老照片，游客在这里可以了解乡村，感受乡土文化（图 7-24、图 7-25）。

图 7-24　老式手动打塞机

（3）农耕文化体验　除了采摘葡萄或挖红薯等收获体验，还可以进一步让游客体验父辈辛苦的劳作如犁地或插秧栽种，老式水井打水，碾磨等，使那些现在只在荧屏中出现的农业生活场景都能展现在眼前（图 7-26）。

图 7-25　乡村记忆老物件

图 7-26　农耕文化体验

第三节　葡萄观光园管理制度建设

一、人力资源管理

人力资源是指葡萄观光园经营中所拥有的劳动力数量和质量，是葡萄观光园经营者需要掌握的最宝贵的战略资源。经营者要充分认识和把握人力资源开发与管理的基本规律，科学、合理地管理人力资源，这是保障长期发展和竞争的资本，实践证明，人力资源管理是决定葡萄观光园经营管理成败最关键的要素。

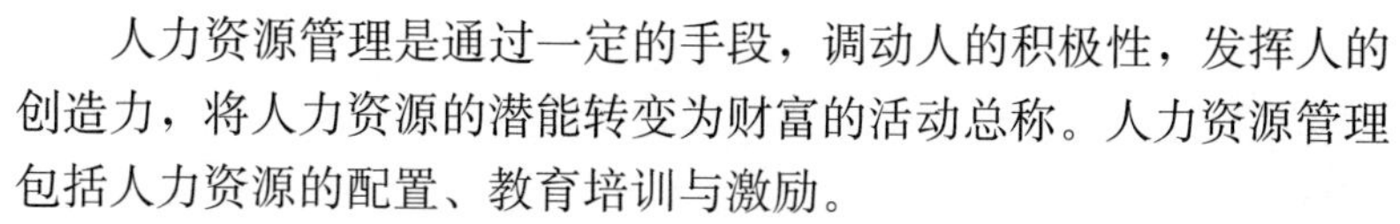

人力资源管理是通过一定的手段，调动人的积极性，发挥人的创造力，将人力资源的潜能转变为财富的活动总称。人力资源管理包括人力资源的配置、教育培训与激励。

1. 组织机构　葡萄观光园可实行总经理负责制管理模式，园区设总经理 1 人，副总经理 2 人。下设生产部、营销部、技术部、财务部、后勤部。各功能区组建相应的工作执行小组，要按事设岗，按岗定员，积极引进专业人才，让专业的人干专业的事。

2. 管理职能　管理主体即高层管理者包括：董事长、总经理、各部门经理。管理者需具备一定的管理能力，承担一定的管理职责，拥有一定的管理权限。

董事长作为主要投资者，在园区管理过程中拥有最高决策权，支配和决定着葡萄观光园管理客体的运行。董事长要把握发展方向，制定目标性决策或战略性决策，制定经营方向和方针，锁定执行人、抓大放小。

总经理作为董事长的代理人，是战略决策执行者、规划落实者，需要制定落实战略决策的一系列战术，即管理方法和业务方法。葡萄观光园的决策常常通过计划来表现和实施。园区总经理作为各部门的直接管理者，应协调好各部门之间的关系，与部门经理达成共识，制定措施、合理分配工作，优化资源配置，并对各部门的绩效定期考核，及时奖惩。同时总经理需具备一些技术经验，以防止信息在传达的过程中出现纰漏。

部门经理作为园区具体计划任务的组织实施者，需要具有很好的组织能力和沟通协调能力，必须具有良好的专业素质。要安排合适的人员到适合的岗位去完成工作和任务，并制定相应的制度对工作的进展进行协调、评估和奖惩，以确保各项工作和任务得以圆满完成。

协调是管理者识别制定的计划与实际情况有偏差并采取纠正工作的过程。由于葡萄观光园的天气变化、人员工作能力的差异和管理者执行力分散等各种原因，应及时调整人员，采取措施以确保工作顺利实施。葡萄观光园在葡萄的生长管理中，经常会因天气变化而改变原有计划，管理者要根据环境、预测天气制定两套工作实施方案，晴天安排人员露地工作，雨天转移设施工作等。

生产部门的具体生产细节应服从技术部门的安排，两个部门协调确定工作日程。生产部部门经理可调集社会临时人员进行生产，也可有一个固定的生产班底。市场部是园区盈利与否的关键所在，市场部部门经理需要做到适应市场与开拓市场相结合，一方面打开传统线下销售的市场，另一方面在新兴网络平台上积极拓展业务。

3. **管理素养** 高层管理人员要具备的5个条件：一是有智慧谋略、专业知识、管理经验；二是能诚实守信、公正不阿；三是要团结合作、体恤下属、施信于人、给人机会；四是要勇于担当、勇于认错；五是能严格执行、严于律己、赏罚分明。中层管理者要有较高的业务素养，很好的团队凝聚力，很好的理解力、执行力。方向可以固化，方法可以灵活多变；管理可以固化，完成方法可以灵活多变创新，要发挥“工匠精神”把工作做到完美。

4. **管理方法** 葡萄观光园管理的方法是指实现园区管理目标而采取的资源优化配置和合理推行的综合工作方法与措施。农业不同于工厂，不能流水作业，但通过合理的工作措施及方法实现农业工厂化还是可以试行的。

（1）权力方法 权力方法是指依靠园区组织机构和管理者行使的权力，通过强制性的权力命令，依照制定的规章制度对工作进行管理的方法。权力方法是以制度权威为前提，采取自上而下的管理方式，是园区管理基本方法之一。在进行强行性管理制度的同时，要发扬民主，各种规章制度的制定和管理程序的设定要让全体员工达成共识，实行广泛目标管理。

（2）经济方法 园区管理的经济方法是指运用各种经济手段对园区运营工作进行有效的管理方法。运用工资、奖金、福利、罚款等经济杠杆来调动员工的积极性，达到“以优促差”的目的，也是最直接有效的方法之一。

(3) 定量方法　量化管理逐渐成为农业管理的一种趋势，园区要科学运用定量技术方法，就必须收集整理提高数据应用的准确性，达到对员工实施定量的准确性，要对不同工种，不同环境进行前期数据收集整理，也为以后工作量化提供依据和参考。收集数据方法：园区进行葡萄新梢绑缚工作，选快、中、慢工作效率不同的3位员工，并且3人同时能熟练掌握技术要领和操作程序，然后计时1或2个小时，由区域内管理人员监督，3个工人每人一行，确定1个小时工作进度的米数：

1人/天的工作量＝（3人工作量的总和÷3人）×8小时。

收集数据后计算出3人平均米数，得出推行计量考核的参数作为依据。园区在进行量化管理的同时，也要充分重视定性分析的重要性，只有把定量方法和定性方法结合起来，才能做到决策的科学性和管理措施的有效性。

(4) 绩效方法　园区的绩效方法是通过定量方法收集积累每个工作环节的工作量。一般从工作的最终结果，包括工作的质与量和工作的执行过程两个方面确定绩效工资。标准设定要恰当，才能减少管理者的压力，让员工能认同接受绩效的结果，认同多劳多得的管理机制，激发员工的积极性，对绩效员工的职务、工资、奖惩等做出合理的划分安排，这是绩效方法最终目标实现的过程。

(5) 数字方法　数字方法是针对特定葡萄技术掌握和操作管理的培训方法。一般园区一线员工普遍年龄偏大，技术操作理解能力差，必须把复杂的技术简单化、数字化，让员工用最短的时间熟练操作，提高工作效率。

二、员工培训

1. 培训目标　员工培训是葡萄观光园管理者根据实际工作需要，有计划、有组织地对员工进行素质、技能、营销、企业文化等教育培训。目的是培养员工正确的价值观、工作态度和工作行为，使他们在工作岗位上的表现能达到要求。通过员工培训提高员工素质，能保证产品和服务的质量，有效减低损耗和劳动成本，提高劳动生产率，也为员工的自身发展提供条件。

2. **培训方法** 利用农闲和雨天培训员工农业技术知识，用科学技术提高农产品质量和工作效率，大型观光园可设立培训中心，把科学技术应用到生产当中去。

员工培训的原则是理论联系实际，以理论所需为纲，以实际所用为学，学以致用。培训的内容要与培训目的相一致。

根据员工在园区所处的层级岗位和工作内容，分岗位职位实施培训，如基层葡萄管理工人、园区服务接待人员、营销人员、中层管理人员、高层管理人员等，要采取相适应的培训方式和因人而异的培训方法，使每位员工都能达到自己最佳的技能水平。

培训的效果取决于培训方法的选择和技巧的运用，目的是提高员工的思维能力、工作效率和提高处理问题的能力。可以请专业人士甚至送到专业机构对营销、服务和中高层员工进行培训，或带领员工到成功的园区进行现场学习，通过各种途径尤其是案例研讨，分析和借鉴经验教训，挖掘员工的分析能力，提高处理问题的决策力。由技术员对基层一线工人进行实地操作示范培训，让员工熟悉和掌握工作的程序及操作技术。技术员在现场边讲解边示范，及时辅导纠正，达到员工熟练操作的现场示范培训目的，闲暇时还可以请专家或技术员对员工进行技术理论培训，以提高其操作的主观能动性。

3. **培训内容** 员工的培训内容要针对时期不同、对象不同，所开展的培训内容也各不相同。园区基层一线员工（葡萄的管理者），培训的内容是葡萄的专业基础知识、操作规程及方法、动手能力和效率提升等；基层一线管理者（种植区域负责人）培训的内容是如何提高技术的执行力、监督的基本职责、制定工作计划的方法，科学合理把握好定量、绩效、数字方法的实施时机；中层员工主要培训内容有运营、管理和督导及沟通技巧；高层管理员重点培训管理能力、执行能力、协调和控制能力等。

三、管理制度

建立现代企业管理制度是企业发展壮大的内在需求，只有建立起完善的管理制度，才能提高企业的竞争力。农业园的发展与管理是分不开的，充分利用园区的资金、物资，增加园区的投入，让产品更优质，周转更快，是在严谨的管理体系中达到的。制定管理制度需要结合当地的具体情况，具有合理性、可操作性以及制度的人性化。制定好的管理制度也应该经过员工的充分讨论。以下部门管理制度仅供参考，人员管理制度涉及的礼仪、纪律等日常生活习惯较多，可根据当地的条件灵活制定。

1. 生产部管理制度

（1）种植基地基本情况的记录 田间档案须记录种植基地的名称、负责人、种植面积、种植区编号、种植情况（品种、苗木数量、相关区域、种植面积、工程进度情况、缺株情况等）。

（2）田间工作情况的记录 记录田间生长期间分次发生的病虫草害名称，防治药剂名称、剂型、用药数量、用药方法和时间等；记录田间生长期间分次所用肥料（包括基肥、叶面肥、植物生长调节剂等）的名称、用肥数量、用肥方法和用肥时间；记录所有田间劳动并记载相应的用工情况，以及此次作业活动的实施人和责任人。

（3）采收记录 记录产品分期分批采收时间、采收数量的情况。

（4）生产计划 做好种植基地的生产计划安排及生产落实情况，掌握各种植区的产量情况，每周进行总结和制定下周工作计划。

（5）园区管理 负责园区工人管理工作，掌握工作进度。做好种植区内环境的治理、抓好安全生产，督促检查各组区域内的卫生和安全工作。

（6）田间档案 应由专人负责记录管理，记录要完整、真实、清晰。当年的田间档案到年底整理成册，保存到档案袋。加强对田间档案记录的检查监督，进行不定期抽查。

2. 后勤部管理制度

（1）倡导服务、奉献精神，团结协作，积极配合其他部门工作。

（2）水、电、机械以及大棚设施要安排相关人员按时检查，按时保养，发现问题及时处理，管理好仓库出入情况，对需要的物资及时上报购置，不误农时，保障生产作业。

（3）做好园区安全保卫工作，并做好火灾及其他意外防范工作，搞好园区卫生，保持园内清洁。

（4）按时做好园区有关人员的考勤记录，及时呈报考勤报表。

（5）保持良好的仪容仪表，待人热情，做好来访人员接待工作。

3. 营销部管理制度

（1）制定园区的销售战略、具体销售计划，并进行销售预测。组织与管理销售团队，完成园区产品销售目标。参与制定和改进销售策略，使其不断适应市场的发展。

（2）控制销售预算、销售费用、销售范围与销售目标的平衡发展。

（3）制定每周销售计划并进行每周销售情况总结。执行预测销售价格，收集各种市场信息，并及时反馈给上级与其他有关部门。灵活掌握市场动向，及时销售园区季节性农产品和园区加工产品。加大园区产品宣传工作，组织好果品采摘活动，并制定采摘计划和游客接待工作。

（4）招募、培训、激励、考核下属员工，以及协助下属员工完成下达的任务指标。

（5）做好网络推广、网站维护、微信平台更新等，线上平台每周至少更新一次。建立并维护园区的销售网络与渠道管理体系，通过系列市场推广活动，营造市场环境，提升园区与产品品牌影响力，支撑园区产品销售额的增长。制定园区产品和企业品牌推广方案并监督执行。及时推出一定范围内的销售活动，提高客户满意度。

（6）发展与协同企业和合作伙伴关系，如与经销商的关系、与代理商的关系。

（7）建立、巩固均衡的客户关系平台，逐渐渗透终端客户，掌握最终消费群体。组织建立、健全客户档案。大力做好节日礼品盒的销售目标，组织好团购活动。

（8）做好市场危机公关处理预案，及时妥善处理好突发事件。

4. 技术部管理制度

（1）贯彻执行国家行业标准，保证生产绿色安全的优质果品。

（2）技术部应对园区中的关键技术进行指导。定期培训技术人员，按物候期给技术管理员进行技术指导示范。根据作物情况及时安排病虫害防控。

（3）及时向后勤部提供农资采购计划；提前一定时间提供农资使用计划，包括所需施用防治药剂成分、剂型、数量及施用工具和施用时间，生长期间分次所用有机肥的名称，用肥数量，用肥工具和施用时间。

（4）技术负责人要及时跟踪区域内员工技术操作过程，巡回指导，掌握每个员工的工作效率及工作质量，发现问题及时解决。

5. 仓库管理制度

（1）物品入库前必须进行检验，经检验合格后方可入库。入库的物品要进行分类整理且排放整齐，并作好登记，其中包括物品的品名、数量、规格等，并登记好物品仓库管理卡。对易损常用物品数量不足时，应及时上报购买。

（2）种子、肥料和农药应有干燥、通风的专用仓库分开储放，防止种子、化肥和农药接触；随时检查存放条件，防止霉烂、变质、受潮、结块等。

（3）农药库内各类产品分门别类存放，如杀菌剂、杀虫剂分开存放并贴好标记，对农药的进出必须严格登记，记录种类、数量及领取人。

（4）机械配件按不同机型进行分类单独存放贴好标记，生产工具出现坏损或数量不足要及时上报维修和购买。

(5) 管理员应按领料单发货，或对发放的工具要求领物人签名，及时收回，并保存好该存单，填写好物品仓库管理卡。对种子、肥料、农药使用后的剩余，必须及时退回仓库，并办理相应的手续，以防止散失农药、肥料给人、畜、作物和环境带来危害。

(6) 对使用后的物品（肥料、农药、种子等）的包装袋、瓶、箱子应及时回收，并认真对应检查是否数量一致。统一处理，以防止造成环境二次污染。配合财务工作人员进行月底盘库工作，建立仓库物品档案。

6. 工具管理制度

(1) 生产工具台账 由部门经理指定专门人员制定生产工具台账。内容应包括：名称、规格、型号、数量、存放或安装地点、保管责任人、启用日期、使用年限、年检期限、是否特种设备、使用状态（如合格、报废、待检）等内容。生产工具的使用说明书应妥善保管，不得随意丢弃。

(2) 工具的外借与归还 生产工具发生外借时，需相关责任人同意，并填写工具借用记录，内容包括：工具名称、数量、借用人、出借人、审核人、回收人、借用日期、归还日期、借出时的状态、归还时的状态，签字应清晰、准确。借用的工具需及时归还，以免影响他人使用。过期不归还，由出借人负责讨要追回。危险系数高的工具，需要外借时，必须由部门经理同意。

(3) 生产工具的使用 使用过程中，应爱护工具，合规操作，注意使用后清洁。恶意损坏、丢失工具的，需照价赔偿或赔偿质量相当的工具。工具使用后应及时放回，摆放整齐。每天下班前应检查工具单，缺少的工具及时找回。

特种工具要求持证上岗的，必须取得相应证书方可使用。所有工具使用时，必须严格遵守操作规程，尤其是安全生产操作规程，严禁违章作业。危险系数高的工具，只有专门岗位人员可以使用，其他岗位或部门人员不得擅自使用。

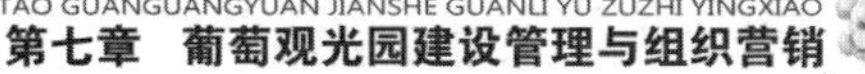

第四节 葡萄观光园收入模式与营销策略

一、收入模式

1. 门票收入 在葡萄观光园的经营中，一般是要收取门票的。收取门票一是提升园区价值，减轻园区管理压力，减少安全事故发生；二是通过门票的收取，增加葡萄或产品的销售量，如可以采取凭门票进园抵同等金额的产品促销。

例如，淄川久润富硒葡萄观光园位于山东省唯一“天然富硒区域镇”，其门票定价为20元/人，凭门票可换取富硒葡萄500克。富硒葡萄定价为40元/千克起，此策略确定了进园游客的最低消费，游客很乐于接受。

门票也可以作为一种宣传方式，例如济宁刘村葡萄观光园，在“首届葡萄文化节”开幕前，为加大园区的宣传力度，推出凭票免费品尝葡萄的活动，收到了超乎预想的宣传效果和销售额，日接待游客量近一万人次，日销售额达30万元以上。门票宣传的具体操作模式如下。

（1）操作目的 宣传告知周边游客葡萄观光园的位置，让游客了解葡萄观光园的葡萄品种及品质。

（2）营销策略 门票定价为30元/人，凭票领取500克品尝葡萄。票面标注金额、园区路线、位置、葡萄品种等。发放门票的同时告知葡萄的价值，引起游客关注，让游客有前往品尝的欲望。

（3）宣传方式 范围30千米区域内，针对幼儿园、学校、助教中心，对每位学生发放一张；对企业、工厂、社区定额发放；对周边村庄，每户发放一张。

（4）品尝方式 为游客提供舒适凉爽的品尝场地，游客凭票领取500克4个品种的葡萄，可与一同前往的家人、朋友等多人品尝。品尝后根据自己的口感喜好，进园采摘相应区域的葡萄品种，在出口处称重付费。

2. 采摘收入 在葡萄观光园发展中，要不断改进和提升销售方式，由传统的市场批发、零售、就地销售转变为直接由顾客采摘。让园区工人采收很显然会增加用工投资，而让游客体验采摘，不仅葡萄价格会明显提升，还给游客带来了采收的愉悦。采摘者在美好的氛围中采摘葡萄，往往被葡萄的品种、颜色、风味、口感或奇特的外观所吸引，工作压力抛到了脑后，心情愉悦松弛，对葡萄价格高低往往关注较少。

3. 产品收入 葡萄观光园的产品包括初级产品即应季和反季节葡萄或部分时令水果和蔬菜，也包括技术类产品比如园区培育的种苗，还包括深加工产品如葡萄酒类、果汁饮料、农副产品以及园区文化工艺品等。

4. 场地收入 场地收入包括出租广场、舞台、拓展基地、娱乐设施或葡萄种植区等。企业学校可通过团建、拓展训练、研学等方式租用或合作经营。

5. 餐饮收入 享受美食也是人们喜欢和追求感受葡萄观光园的原因之一。人们大多已经厌倦了常规的餐饮场所和方式，饱餐一顿地道的农家菜，也是游客来园区的目的之一。

6. 娱乐项目收入 葡萄观光园内设置的儿童游乐场、拓展训练场、交通工具、动物喂养、游泳和参与性娱乐活动等项目，都可成为再消费的收费性项目，可设置自助扫码付费方式，减少人员投入（图 7-27）。

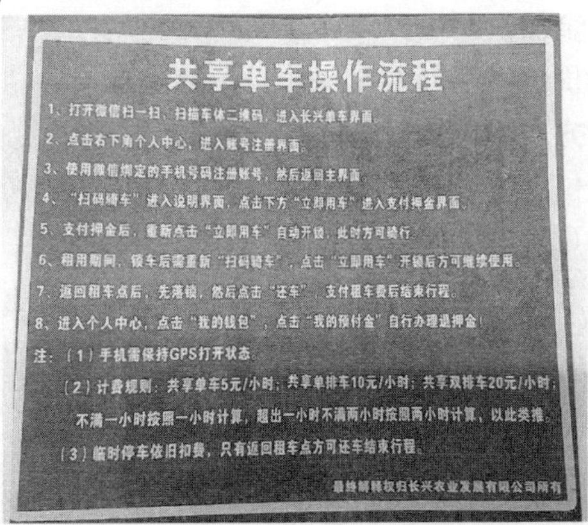

图 7-27 现代付费方式

二、营销策略

1. 渠道策略　园区直销：园区的葡萄或其他产品不经过中间环节，直接销售给消费者的一种营销方式。通过园区直接销售，减少了运输费用，保障了产品的新鲜度，避免了中间商、零售商的加价。

订单直销：是根据市场、销售商或企业的需求，签订购销合同的直销方式。根据订单需求安排生产葡萄品种或穗重、规格等，把葡萄的销售推到“订单农业”的进程中去，为发展产销对接开辟新的道路。

采摘直销：是通过观光、采摘、游玩和其他娱乐活动，直接把产品和服务推销给游客，让游客在和谐相融的氛围中引发采摘欲望，在美味与娱乐中消费交易，促进产品的直接销售。

2. 定价策略　对于葡萄观光园而言，价格是传达给游客威力最大的沟通信息，是最直接、最敏感的影响消费者购买行为的因素，因此成功的价格策略是园区营销制胜的法宝。对葡萄观光园来说合适的价格是获得收入和盈利的最主要手段，在市场经济条件下，价格竞争成为市场竞争的一种最有效、最残酷的手段，恰当地运用价格手段，是成为园区保持自身竞争实力的最有效的营销策略。

（1）定价目标

①垄断性定价目标。某个葡萄品种或产品不仅有较强的吸引力，而且具有一定的稀缺性，从而形成垄断价格。如春节前后反季节成熟的葡萄，市面上多数是冷库储藏，园区推出现采新鲜葡萄，就成为价格上有竞争力的产品。一些错季成熟的品种同样可以形成垄断性价格。

②特色性定价目标。该品种或产品在市场上有很强的吸引力和竞争力，其定价目标就可以是高于其他葡萄品种。如外形奇特的“手指形”葡萄品种，特色鲜明，能激发游客的好奇心；又如，目前流行的阳光玫瑰品种，因其浓郁的玫瑰香味和脆爽的肉

质而受到消费者的青睐，类似这样的葡萄品种定价要高于其他同类品种。

③个性化定价目标。为了提高葡萄观光园游客的满意度，园区经营者必须针对不同层次游客的需求提供个性化的葡萄产品和服务，并按照不同的个性化葡萄产品而制定不同的产品价格。如“葡萄树认领”活动，不同的树形、品种、树龄、设施、不同数量要订制不同价位；不同品质等级定不同价位，可以为高消费人群订制部分质量区别分明的顶端产品。

④利润定价目标。葡萄观光园以暑假旺季发展的主栽品种、已经进入成熟期的品种、没有垄断性或特色性的葡萄品种，可以在成本的基础上加上部分利润确定优惠的葡萄价格，以增加游客入园率，有了游客才能引导游客在其他产品和其他项目上消费，使葡萄采摘量和其他服务项目或产品获得更多利润，是增加人气的营销策略之一。

(2) 季节差价 季节差价是指葡萄观光园内葡萄或其他产品在不同季节的价格差额，是销售或采摘差价在时间上的反映。节假日季节差价是为了调节游客“淡旺季”的入园流量，以达到淡季不淡、旺季不过分拥挤的目的。例如：夏黑无核葡萄采摘定价 40 元/千克，推出周二“买一赠一”活动，缓解和分流周六、周日的客流量，也会增加另一部分采摘客源。

(3) 质量差价 质量差价一般指同一葡萄品种由于质量不同而形成的价格差额。任何观光农业产品都存在着质量高低的差别，为了实行“按质论价”与“优质优价”，要通过合理的质量差价来保护游客和经营者双方的利益，使游客获得与价格相一致的服务，避免“低质高价”伤害消费者的积极性，伤害经营者的声誉。

(4) 转移定价 转移定价也叫做隐藏定价，通常是将一种园区产品价格定得较低，通过产品之间的连带效应，使游客在其他园区产品消费中补偿前一种产品的损失。在营销策划的产品中常采用此类定价方法。如有一个葡萄品种采摘剩余一部分，已经到挂果最大期限，可以推出“进入此葡萄区域，交10元，让您吃饱，外带按20元/千克”，利用“你只要敢来，我就敢让你吃”作为营销用语，吸引游客加大采摘量和游客入园量。

(5) 心理学定价 心理学定价是根据顾客不同心理有意识地采取不同定价的技巧，主要包括差位定价、尾数定价、声望定价、习惯定价等策略。

差位定价是以消费者心理推出的参照价格，其目的是要给消费者同一种葡萄对比价格，对自己的选择感觉物有所值。某种葡萄的价格定得非常高或者非常低，引起消费者的好奇心和观望行为，以此带动其他葡萄销售。尾数定价又称非整数定价，是以零头数结尾的定价方式。这种方法常常以奇数或人们喜欢的数字结尾，在直观上给消费者一种价格低廉感觉，从而使游客对价格产生信任感。声望定价是根据人们在声望和社会地位等方面的虚荣心理来确定价格的一种定价策略。声望定价可以满足某些消费者显示身份、地位、财富和名望等的特殊欲望，因而往往是高价策略。习惯定价是根据消费者心目中已形成的习惯性价格标准而制定价格的策略。

(6) 折扣定价 折扣定价是以打折降价的方式来刺激游客采摘或购买而扩大销量的一种策略。定价折扣主要包括现金折扣、数量折扣、季节折扣、会员折扣等。有的还搭配送、配套奖、会员免费入园、会员积分等。

3. 包装策略 葡萄观光园在包装设计上可以统一色调、统一图案，定位园区的主题色、主题形象。一系列统一格调的产品包装会使人们受到反复的视觉冲击而形成深刻的印象，增加园区的关注度。

选择可重复利用或可再生、易回收处理、对环境无污染的包装材料，并在包装上说明产品的绿色性，容易赢得消费者的好感与认同，从而为园区的发展带来良好的前景。

4. 促销策略 促销即促进销售，是园区通过游客和其他的方式向更多的客户群传递产品或服务的信息，激发人们的购买欲望，促使其产生购买行为的活动。促销活动的实质是信息传递与沟通，是一种非价格竞争手段。促销的主要任务是向消费者或用户传递产品或服务的信息，以达到促成扩大销售、增加效益的目的。

节日节庆促销是借助特殊日期来实现快速推广产品的方式，因此，在节庆促销时应与节庆内容密切相关，在设计促销方案时要充分考虑到结合问题。应充分营造浓郁的节日氛围，以乡土情结、传统情结为特色深入人心。如果能够借助假日促销这一有效的途径，将会大大提高葡萄观光园的曝光率和顾客满意度，让人们体验到田园度假的闲适惬意。具体的操作模式就是在节日到来之前，通过相关渠道和合作媒体进行大量宣传，营造园区的促销气氛。可以充分针对客户群体推出个性化的节日促销策略。如植树节、儿童节等节假日，可以针对青少年和儿童市场，开发亲子游、树木领养游、春游等一系列的节假日活动。针对团队拓展活动，一方面可通过建立客户档案，对过往团队客户的公司周年庆，开展针对性的促销活动。也可以针对特殊群体，如针对教师队伍，可在教师节等节日时，打造特色的促销活动。

三、营销模式

1. 网络直销模式 网络营销是以现代信息技术为支撑，以互联网为媒介，以多元立体结构和运作模式为特征，信息瞬间形成、即时传播、实时互动、高度共享的人机界面构成的交易组织形式。以网络为媒介，依托葡萄观光园与物流配送系统，开拓网络销售渠道并扩大销售范围。

(1) 网络推广 目前网络推广的方式众多。一般常见的有百度搜索推广、短视频推广等手段，其中短视频推广最近较为火热，也更符合现在移动端崛起的潮流。

短视频推广即以园区内的优越环境或葡萄生长为主题，拍摄展现优美风光或人文情怀的短视频，并基于大众的审美对其进行一定的艺术加工，最后将视频发到抖音或快手等短视频平台上，以达到

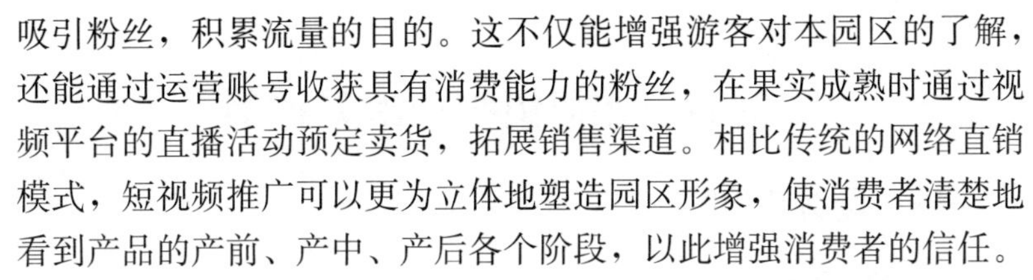

吸引粉丝，积累流量的目的。这不仅能增强游客对本园区的了解，还能通过运营账号收获具有消费能力的粉丝，在果实成熟时通过视频平台的直播活动预定卖货，拓展销售渠道。相比传统的网络直销模式，短视频推广可以更为立体地塑造园区形象，使消费者清楚地看到产品的产前、产中、产后各个阶段，以此增强消费者的信任。

除了短视频推广外，园区还应该加强微信公众号的活动推介，通过举办本园区的微信活动，实现在潜在客户群体之间的有效传播。运营微信公众号的作用和短视频基本相同，且都需要一定的文学创作能力和审美水平。此外，还可以通过与旅游网站合作，将本园区的旅游景点以植入广告形式或游记攻略等形式，直接呈现给目标游客。

(2) 网络销售　电商平台是一个看不到的第三方交易场所，是利用电脑或手机客户端交易的平台，其中移动电商具有安全和便携的特点，可以作为发展的重点。经营者可在微店、淘宝、京东等电商平台上开店铺，之前通过网络推广吸引来的流量最终导向此处。要想做好移动电商，售后服务十分重要，尤其是鲜果类产品的售后，更需要谨慎对待。在电商平台交易时，双方首先通过图片展示、文字描述或语音、文字互动等线上沟通，然后由卖方利用线下物流将商品配送给买方。付款通过网上银行（支付宝）和线下银行支付，减少了流通环节，有效地提高了鲜食葡萄流通效率。

2. 共享模式　网络共享模式：思路是让企业和个人拥有私人专属的葡萄田园，建立互联网种植平台，将互联网与种植、虚拟与现实结合，通过微信公众号操作并推出宣传。或参与劳作，通过实时监控系统 24 小时随时观察植物生长情况，认筹一棵树，全家吃水果，拥有自己的果园，实现田园梦。

线下共享模式：会员共享农业就是顾客缴纳一定的押金，成为庄园的会员，可以享受优惠服务，然后一定时间之后押金退还，把葡萄庄园变成一个旅游休闲区，形成拥有“美酒、美食、美景”的三美产业，成为集葡萄采摘、酿酒、品酒、旅游观光为一体的旅游胜地。

第五节　如何组织一次采摘节

一、场外策划

1. 确定采摘节时间　首先确定产品成熟时间，以果品达到最佳口感时间为准，时间最好定于周末。

活动主题：以“推进乡村振兴战略”为主题，立足葡萄产业，推介宣传优势特色农产品，助力葡萄农事体验，将农耕文化研学旅行活动不断引向深入。

2. 团队组织与分工

(1) 确定责任单位，确保沿线环境卫生。全面做好采摘节期间采摘区环境卫生清理工作，合理增设保洁人员、增设垃圾桶，保持良好的环境。

(2) 确定责任单位，进行安全及交通保障。合理分段负责采摘路段，做好车辆停放、人员引导，开幕式现场秩序维护，做好现场处置、现场安保、交通疏导及应急事件保障。

(3) 确定责任单位，如宣传部、文体局、园区办公室，负责联络合作媒体，开展宣传攻势，营造氛围。

3. 寻找合作媒体　可以与电视台或广播电台合作，聘请知名或特色主持人作为采摘节开幕式主持人。利用媒体的节目进行互动，园区提供免费的入场券、采摘券、代金券或品尝券，达到宣传广告效应。

4. 广告宣传及营销方式　提前2周左右进行大量广告宣传（图7-28）。可通过微信平台、户外广告、媒体宣传等。在附近城市做一条街的户外广告。进园道路做醒目标识牌，道路两侧做道旗。通过微信平台，集赞、转发、关注等方式赠送采摘券。代金券或品尝券。发券是聚集人气最有效的方法之一。

图 7-28　广告宣传车

发放采摘券吸引更多游客，增加园区人气。确定发放范围和区域，如小区、学校、广场等。票面要设计不同颜色，用于统计不同区域的进园率。让营销人员有固定负责区域，包括发放采摘券、微信推广，组建微信群发布信息、组团进园和产品配送等业务，以便区分发放效率和回客率，为给营销人员销售提成做好基础，以此激发销售人员的积极性，同时便于业绩考核和营销部门的管理。

二、场内策划

1. 营造采摘节开幕式场地　开幕式场地一般要建在开阔地，便于管理，容易人员分流，便于疏导，避免园内发生混乱情况。

2. 开幕式程序

（1）确定开幕式时间　预估区域范围内游客到达时间，来确定开幕式时间。

（2）表演节目等待开幕式时间　提前 30～50 分钟安排文艺节目和互动节目。互动节目可以安排园区产品问答题、让游客上台表演等，参与者和获奖者可受赠采摘券、代金券等。

（3）举行开幕式仪式　主持人介绍参加活动的领导及嘉宾、媒体单位；相关领导上台揭幕、致欢迎辞；请专家对葡萄品质进行点评；请农产品销售企业签订供销合同；葡萄观光园领导讲话，宣布活动正式开始（图 7-29）。

（4） 仪式结束后节目后续延伸，组织当地学生或村民表演一些特色曲艺节目，吸引留住部分游客，减缓采摘区域游客密度压力。

图 7-29　采摘节开幕式

3. 园区内路线规划

（1）根据游客流量，进行道路分流。设置入口处、出口处。

（2）设置道路引导标识，如："夏黑葡萄采摘请直行""早霞葡萄采摘请左转""一号大棚正在采摘中"等，在其他景点作为道路引导标识，或在路面贴上脚印指引。

（3）装饰采摘线路，如道路两侧插彩旗、道路尽头或门口安放相关产品的卡通充气偶、卡通雕塑或展板。

（4）采摘线路上的未开放区域或不能让游客进入的地方，要悬挂警示牌，如："生产区域，游客止步"。

4. 大门口管理

（1）门外设售票处、游客咨询处、团体接待处、产品销售处，以上可为一体。

（2）设立《入园须知》详细介绍入园制度，减轻门口工作人员的工作量。

（3）游客凭票入园，工作人员进行检票（可用检票机打孔）。

（4）游客凭小票带产品出园，工作人员检查并收回小票，或出示扫码付费记录。

（5）设观光车乘坐处、多人自行车领车处，前期为拉人气，让游客感觉购买门票值，观光车、自行车可免费。自行车收取 20 或 50 元的押金，印类似名片的押金卡，上面印上《用车须知》。

5. 品尝体验区

（1）可设在智能温室或树林空地，放桌凳，凭票发果品，一票一盘，工作人员留副券。设《品尝须知》，并强调为了保持园区环境，只能在本区域品尝。品尝区的设立不仅给游客提供了休息的场所，也是另一种园区产品的销售方式，可以减少在采摘区乱吃乱摘的现象，避免与游客发生纠纷，也让游客感觉门票钱花得值，同时也限量品尝到了所采摘的产品。

（2）针对小朋友或不同游客的特色产品，如：榨果汁，按杯收费；用相关产品的果汁做面点、面食（水果造型、卡通动物的小馒头等），按个收费；提供茗茶，按壶收费；开设“小厨师课堂”按人收费，教授包水饺、做水果沙拉等（提供能包10个水饺的面和馅料，自做自吃）；育苗区开设“小农夫课堂”按人收费，一人一盆，提供花盆、基质、种子，教种植技术，花盆编上号，写上名，在温室保留培养，不能带出，吸引小朋友下周再来观察。

6. 采摘区

（1）采摘大棚按次序编号，门口标识产品名。

（2）今日开放大棚，门上设立提示牌，如：“采摘进行中”“采摘区，请进入”。

（3）不准进入的采摘棚，门上设立提示牌，如：“我未成熟，请勿进入”“我在努力生长中，请你下次再来”等，可以一个棚写一句温馨的话作为提示牌，要做卡通一点，提示牌也要成为园区的亮点。

（4）采摘棚内，悬挂相关产品的文化牌，提示牌，如“采摘区域，禁止品尝”“采摘区域，采下归你”等。

7. 称重、收款

（1）采摘门口设称重处、收款处，两处要拉开一定距离，每处安排两人轮流值班。

（2）用称重打码机称重，一份两码，一个贴游客采摘产品包装上；一个贴记账本上，方便和收款员对账。

（3）扫码收款，进行交易后出小票，小票随产品，作为出园凭证。搞活动时，满多少金额，当面赠“采摘券”或“入场券”。

（4）收款处设置微信支付、支付宝支付等，方便游客。

（5）收款、对账。财务主管人员当天及时收款，第二天早上和称重员对账。

8. 留住顾客

（1）发展会员：以赠送小礼品让顾客扫码入微信群的方式，逐步发展群内客户成为固定客户、会员客户，可以实现与客户间的互动交流和信息发布。

（2）赠送消费券：顾客一次购买园区产品达到规定数量或金额时，免费赠送标价的购物券，消费者手中的购物券可在下次再购买或采摘园区产品时，抵现金或免费领取相应产品，这样可以吸引顾客长期购买本园区的产品。

（3）及时唤醒“潜水”会员：在每个群内都会出现部分“潜水”的会员，要及时把“潜水”的会员过一遍。如果是熟悉的会员，可以打电话关心一下对方，如“咱们园区你喜欢的葡萄品种成熟了”等，通过聊天唤醒对园区的记忆；如果不熟悉的会员，可以通过微信发抢红包或发电子优惠券的方式，吸引他们再次来园区体验。

9. 总结经验教训　及时开总结会。总结成绩，表彰优秀人员和团队。为了便于今后工作，必须及时对经验和教训进行分析、研究、概括，并形成理论知识，明确方向。

CHAPTER 8
第八章

葡萄观光园产业链

第一节　葡萄储藏保鲜与快递保鲜

一、储藏保鲜

葡萄的储藏保鲜，一般用于晚熟葡萄品种的延后销售和长距离快递前的预冷保鲜处理。储藏保鲜的任务在于保持穗轴鲜绿硬实，果实风味纯正，减少腐烂、落粒及变色。葡萄是非呼吸跃变型果实，不存在后熟过程，用于储藏的葡萄应在充分成熟时采收。

1. 葡萄采收　采前7～10天应停止浇水，采摘在上午露水干后进行。采收时要避免剪刀对果穗造成损伤，并尽量保护果实表面的果粉，轻拿轻放，直接放入运输箱筐内。

2. 葡萄挑选、防腐、包装　剔除机械、病虫损伤粒，除去青绿穗尖和未成熟的小粒。挑选果粒无病虫害和机械伤的果穗，采用每箱装5～10千克的浅筐，筐内铺厚0.03毫米左右的聚乙烯薄膜袋。分层码放葡萄，最多两层，两层间放软纸隔开；箱内放葡萄保鲜剂。亚硫酸盐制成的片剂是目前葡萄保鲜最理想的保鲜剂。用有孔的塑料袋包药片，放在箱的上层衬纸上，药袋与葡萄之间用纸隔开，最后用聚乙烯薄膜袋把葡萄和药袋密封在箱内，扎口密封。

注意保鲜剂的使用技术，控制装保鲜剂塑料袋上孔眼的大小和数量，使SO_2缓慢释放，及时检查药剂释放状况，每隔1个月或1个半月换药一次。

3. 冷库储藏条件　保持库温－1.5～0℃，相对湿度90%～95%，氧气含量2%～5%即可。温度以果梗不发生冻害为前提。

葡萄采后要及时入库、预冷、快速降温，以降低其呼吸代谢强度。湿度在95%以上时易导致多种病原菌产生，造成果梗霉变、果粒腐烂，低于85%则会使果梗失水。

二、快递保鲜

将葡萄采摘后放在冷库或冷柜0℃预冷1小时以上，先用充气袋或真空包装袋包装，再放到量身定做的抗压泡沫箱，泡沫箱的最底层平放冰块，再放隔离层，将葡萄和冰隔开不要直接接触，摆放两层葡萄。

充气袋是将修剪好的葡萄装在充气袋中，然后将充气袋充满气，葡萄用气柱包裹起来，这样既不会因为运输过程中的颠簸、碰撞，也不会由于快递的暴力分拣而产生损坏。真空包装是用专业包装袋，抽掉里面的空气，外加保鲜袋放抗压泡沫箱运输葡萄。

第二节　葡萄观光园餐饮聚会

一、餐饮特色

1. 设置餐饮的必要性　餐饮对葡萄观光园来说是延长游客停留时间的项目之一。

首先要有市场定位，所有的产品和服务，都要竭尽全力地去寻找那些能够接受它们的顾客群。设定好顾客群，突出田园风格，把美味、营养、绿色、健康、创新等一系列概念转化为信息，传达给游客以满足其需要。

葡萄观光园的餐饮主要利用两个方面的资源：一是当地各种类别的民俗饮食文化资源；二是园区现有软件和硬件资源，如设施、场地及人员。

2. 餐饮特色打造

（1）菜品特色化　可挖掘园区所在地的特色菜品和食品，除了葡萄观光园养殖的鸡、鸭、鹅或鱼类菜品，重点开发以葡萄和野菜为主题的菜肴和食品。葡萄食品如葡萄酒、葡萄汁、葡萄嫩叶尖

茶、葡萄果汁染色的面食、葡萄梢尖炒鸡蛋、凉拌葡萄卷须、清蒸葡萄花等。根据时令推出各种野菜，如荠菜饺子、荠菜饼、荠菜炒鸡蛋；凉拌马齿苋、马齿苋大包子，蒲公英茶；槐花饼、槐花大包子等。根据不同人群推出不同创意食品，如淄川久润富硒生态园为老人推出的"硒阳红套餐"。

(2) 餐饮品牌化　通过餐饮项目开发，形成品牌菜品、品牌宴席，使园区餐饮项目成为促进园区发展的重要因素。如济宁五羊坡生态园推出的"喜洋洋与灰太狼"剧情人物与场景的卡通形象，做成的肉食、面食和烧烤，就是通过视觉、味觉，趣味的美食，为园区打响了"五羊坡"品牌。

(3) 环境特色化　要设计别具一格的餐厅和装饰，特色化的订制餐具，使就餐者在享受美味的同时愉悦心情。

利用美好的天气条件打造良好的室外就餐环境，改良就餐方式，开展与其相辅的文化活动，让游客参与体验。如泰安长兴农业推出的"篝火晚会"，让游客参与进来，唱着卡拉 OK，自助烤着全羊、炖着大锅菜，载歌载舞体验着田园夜景（图 8-1）。

图 8-1　篝火晚会与烧烤

二、就餐方式与服务特色

1. 就餐方式　观光农业的餐饮项目要根据游客的不同需要，采用快餐、自助餐、自助厨房、宴会、烧烤等不同的就餐方式，丰简随意，快慢有别。

（1）自助餐——精致的大锅菜 自助餐是一种现代都市人喜欢的用餐方式，能在最短时间和有限空间尝尽各式美食。自助餐适合团队及家庭，游客可自由组合，随意走动，挑选自己喜爱的食物。用餐场地可选择在草坪上或葡萄架下，支几个遮阳棚，放几张沙滩桌椅（图 8-2）。

（2）烧烤——原始的烹饪体验 烧烤作为原始、经典的烹饪方式，一直深受国人的喜爱。闲暇时，约三五好友烤肉，是非常惬意的事。具有关资料显示，在中式烧烤的消费人群中，女性消费者占比为 54.7％；在年龄分布上，26～35 岁人群合计占比为 67.4％，构成了中式烧烤消费的主力军。

作为一种与气候密切相关的饮食方式，中式烧烤消费虽然有季节性，但正逐渐成为一种全年性的消费。一年当中，6～8 月的暑期是中式烧烤的消费旺季，消费量在全年中处于最高水平。到了 10～12 月，虽然中式烧烤消费量出现了下降，但是整体仍保持平稳水平。建议制作统一的烧烤架，安排固定的烧烤地点，提供葡萄炭或其他果木炭（图 8-3）。

图 8-2　自助餐

图 8-3　烧烤

（3）主题餐厅 主题餐厅是围绕一个主题而设计的，这一主题体现在营造餐厅氛围的每一种要素中。如泰安道朗乐惠农业的芳年华韵餐厅，餐厅中装修和装饰以知青为主题，包间以历史情境命名，如知青之家、老三届等。另外还有音乐餐厅为主题的在水一方、小城故事等（图 8-4）。

图 8-4　主题餐厅

2. 服务特色

（1）特色着装　园区餐厅要不同于传统餐厅，服务员着装要有特色，可以选择有地方特色的服装、民族特色的服装或有乡村特色的印花服装。

（2）服务礼仪　餐饮服务是餐饮业的核心，招聘的餐厅服务人员应经过健康检查，确保没有传染性疾病；对服务人员应进行必要的业务培训，无论礼仪训练还是服务操作技能训练都需要经过上岗前的考核检验。

第三节　葡萄观光园休闲养生

一、休闲养生的功能特色

现代化葡萄观光园优美的环境和多样化的产品以及葡萄与葡萄酒的深厚文化底蕴为其承载休闲养生提供了优势。葡萄观光园功能延伸至休闲养生必须具备良好的环境条件、物质基础和人才保障，即拥有特色葡萄园生态环境和休闲环境，安全特色的居所，舒适惬意的文化娱乐活动场所，健康绿色的饮食，满足不同消费者需求的各种田园活动等；同时也必须配套高水平的服务管理，对员工人文素质和专业素质的要求更高、更严苛。

葡萄观光园提供以短时间如周末两天休闲养生为主题的吃、住、行、游、购、娱等的场所和服务，可实现休闲功能；让游客从封闭的格子间中挣脱出来，以适当的劳作锻炼身体；葡萄及葡萄酒的文化特色为休闲养生提供了很好的平台，无论团队还是个人，都可以在这个平台参与各种文化活动，达到身心放松；休闲养生市场需求大，社会经济效益高，前景广阔。

二、休闲养生区域开发模式

养生度假旅游区的客群主要有三类，分别是家庭客群、企业客群、旅游客群，这三类客群能够比较全面地涵盖养生度假旅游地产的细分市场。

养生度假区自然环境较好、配套设施齐全，能够提供全方位的健康养生服务，是开发养老社区或老人颐养院的首选。利用周末与节假日，以放松身心、度假娱乐为主要目的的家庭休闲旅游成为我国度假市场的主流。群体的需求趋向多元化，且消费能力强，养生度假区可锁定这一部分客群，定向开发。

1. 居住养生

（1）长居养生 以康养社区的形式建设，主要针对年龄较大的客户群体开发，与普通孝养院功能类似，但相比之下环境更加优美，以唤醒那些长期生活在城市中的老年人内心深处的乡村记忆。同时为康养社区的住户开辟一小片菜地，让住户自己体验种植的乐趣。可与地产公司和医院三方合作开发，医院提供相应的医疗设备和医护管理人员，并针对老年人推出医养结合的服务，按月结算费用。这种社区可以营造优越适宜的生态环境，使人们在优美的田园风光和恬静的气氛中休养身心。可配套果园院落，体验田园乐趣。

（2）小住养生 设置小木屋，周末假期短期居住（图 8-5），除了开展文体活动，还可以参与简单的农事操作，在劳动中体验收获的乐趣并获得一定的劳动所得。

(3) 餐饮养生　可以设置养生餐厅和营养指导师，根据居住客户的需求如减肥、调理脾胃等，制定养生食谱，辅助以田园活动，达成客户的目标。

图 8-5　特色民宿

2. 运动健康养生　在优美的自然田园风光中，开发参与性、趣味性较强的养生休闲活动，以愉悦身心、释放压力为目的，可设置民俗趣味活动区，如坐花轿、推独轮车、推磨、荡秋千、垂钓、收获比赛等。

设置田间慢跑道（塑胶跑道）、拓展运动区、田园农事体验区等，吸引特定养生客群。针对不同人群，组织踢毽子、跳绳等活动比赛，组织骑车、跑步、攀岩、游泳等有氧运动，使参与者得到身心的双重放松（图 8-6）。

3. 运营模式　休闲养生项目可以自建自营，可以委托代建，也可以建设招商，具体根据开发者的经济实力和运营能力确定。

休闲养生地产项目可以实现统一规划，招租或自建，具体根据实际情况确定。

设定专业的运营机构进行统筹运营和管理，保证投资者的投资收益或者旅游休闲利益。

以会员形式或出售消费卡的形式，依托主打旅游资源和产品，把一系列的养生休闲旅游活动，特别是养生项目包装组合起来形成一个整体的运营模式。

图 8-6　各种运动项目

第四节　葡萄酒加工

葡萄酒是以新鲜葡萄或葡萄汁为原料经发酵加工而获得的饮料产品。一般葡萄酒企业的葡萄酒产品都是利用专用酿酒葡萄品种加工而来，因为这些制酒葡萄果粒小，颜色深、糖度高，鞣酸含量高，做出来的干红葡萄酒口感好。因此希望有葡萄酒产品的大型综合葡萄观光园，可以利用长廊及偏僻地块种植一些容易管理的抗性制酒葡萄品种，用于生产高质量的生态葡萄酒。

然而，葡萄观光园在有些年份，其主栽的部分鲜食品种葡萄可能有销售剩余，为了避免滞销带来的经济损失，将过剩的鲜食葡萄及时酿制成葡萄酒是较好的解决方法之一。一方面能变废为宝增加园区的收入，另一方面也能为游客提供更多的产品选择。由于中晚

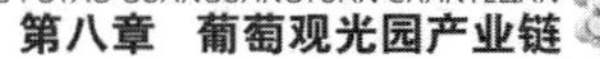

熟的鲜食葡萄果粒大，颜色浅，种子小，香气浓但含糖量较低，一般适宜加工成果香型的桃红酒或橙酒，抑或蒸馏成白兰地，反而更容易被刚刚入门的葡萄酒消费者接受。

一、简易酿造设备

1. 酿酒场所要求

（1）环境要求　加工车间场地相对独立，避免与采摘客流混合，道路宽阔平缓以便于车辆运输原料。车间四周要为车辆留下充足的移动空间，并设立来宾与员工的停车场。车间内部地基要能够承受酒厂和生产设施的重量，水源充足，同时要有良好的排水条件。加工车间最好南北朝向，尽量避免朝西面的窗户和放在车间顶部的采光设计，以减少增热；建筑时尽量采用隔热好的材料。

（2）卫生条件　葡萄酒属于食品饮料类产品，需要符合国家卫生标准。首要条件是要在生产过程保持良好的环境卫生，车间要设置进水与排水装置，保证排出的水不污染环境。车间每个榨季排水量为每酿造 1 升葡萄酒需要用 10 升水，排出的水污染率低于生活用水，经有效处理可用于浇灌草坪及树木等。

（3）空间需求　发酵车间与储藏陈酿车间室内净高度应达到 4～6 米，以便于酒罐的安装与存放。车间内要通风良好，四面墙体要光滑，不易沾染污垢并便于清洁，地面最好有涂层，必须设置排水沟以便于冲洗排水。

车间可分为四个部分：一是前处理车间，用于葡萄除梗破碎或葡萄汁压榨；二是酒精发酵车间，用于葡萄酒前期酒精发酵和后期苹果酸乳酸发酵（苹乳发酵）；三是陈酿储酒车间，用于葡萄酒发酵完毕后期陈酿及储存，此车间可设在地下；四是灌装车间，用于葡萄酒灌装。

以年产 75 吨酒的酒厂为例：前处理车间需要 40 米^{2}左右，发酵车间应该为 150～180 米^2，灌装车间为 60～80 米^2，储藏车间为 200～300 米^2。可根据每年产葡萄的数量确定车间的大小，还要有化验室，辅料库及成品库等。可参观学习当地的葡萄酒企业，或根据验收标准来确定车间的规划安排。

2. 酿酒设备必备种类

（1）前处理设备

①除梗破碎机。虽然欧洲传统上可以用手甚至用脚破碎红葡萄的果实，现在除非是为了让消费者参与自酿酒（DIY）用小容器进行手工破碎，否则人们还是愿意使用多快好省又物美价廉的专业机械，即除梗破碎机。配套调整电机为 2.5 千瓦，使用电压为 380 伏，生产能力达 2 吨/时。

②管道泵。用于葡萄破碎后将果浆倒入发酵罐、发酵中的酒循环、发酵后的皮渣分离以及后期酒的倒灌、过滤等。配套电机为 3 千瓦，电压为 380 伏，生产能力达 5 吨/时。

（2）发酵设备　发酵容器多数为不锈钢罐。不锈钢罐设计有液位显示器，可以看到酒在罐内的体积；有温度显示器，可以掌握酒在发酵过程中的温度变化；有取酒阀门，可以取少量酒做各种理化指标分析。罐底部设有上出酒口与下出酒口，便于葡萄酒倒灌时去除底部沉淀；酒罐设有人孔，便于出皮渣和工人进入罐内清洗。还应设有制冷与加温装置，便于葡萄酒发酵过程中控制罐体的温度，做出高质量的葡萄酒。

（3）储酒设备　葡萄酒储酒设备有不锈钢罐和橡木桶两种。不锈钢罐储存可保留葡萄酒果香；而橡木桶可以赋予葡萄酒更复杂的香气，适用于生产高鞣酸、高多酚以及高花青素含量的干红葡萄酒。果香型简单易饮的大众餐酒大多都采用不锈钢罐储存（图 8-7）。

（4）灌装设备　完整的灌装系统包括上瓶机、洗瓶机、灌装机、打塞机、封胶帽机、烘干机、贴标机、装箱机、封箱机、码垛机和输送系统。

小型酒厂为了减少投资，只需要购买 DIY 灌装机，手动打塞机、半自动贴标机等。

（5）蒸馏设备　蒸馏是把酒精发酵液中不同沸点的酯类、醛

图 8-7　发酵罐、储酒桶

类、醇类、酸类等，经过不同的温度通过物理的方法分离出来。白兰地的蒸馏设备主要有壶式蒸馏和塔式蒸馏。

夏朗德壶式蒸馏器是铜制的，铜有很好的导热性，对葡萄酒中的酸有良好的抗性，在蒸馏过程中，铜与果酒中的辛酸、丁酸、乙酸、癸酸、月桂酸等形成不溶性的盐铜，去除这些不良风味的酸，从而提高白兰地的质量。壶式蒸馏器结构分为蒸馏锅、蒸馏器罩、蒸馏预热器、冷凝器。其工作原理是通过直接加热发酵后的原料至沸腾、蒸发，酒精和非酒精挥发物的蒸汽，通过蒸汽罩和曲颈罐进入冷凝器凝结成馏出液，馏出液通过铜质管道流入下面的容器内，可获得低度酒，然后再用低度酒重复蒸馏，以获得白兰地，因此，夏朗德蒸馏法是两次蒸馏。

塔式蒸馏器的主要结构是蒸馏锅、蒸馏塔、预热器和冷凝器。工作原理是葡萄酒由于重力的作用通过冷凝器进入蒸馏器，流量通过带流量计的阀门控制，蒸馏出的酒液从出酒口流出蒸馏器，在出酒口检测温度等指标，残酒由蒸馏锅上安装的吸管排出。

3. 投资概算　为了方便计算，以年产 100 吨干红葡萄酒生产线为设计目标，规划所需生产设施及辅助生产设施，更小规模的加工车间发酵罐、储酒罐等的数量可以按比例缩小（表 8-1、表 8-2）。

表 8-1 主要设备价格匡算

名称	数量（个）	规格	单价
刮板式提升机（3 吨/时）	1	380 伏、1.5 千瓦	1.0 万～1.5 万元/台
选果输送机（3 吨/时）	1	380 伏、1.5 千瓦	2.4 万～2.8 万元/台
除梗破碎机（3 吨/时）	1	380 伏、2.2 千瓦	2.2 万～2.4 万元/台
葡萄输送泵（1～3 吨/时）	1	380 伏、2.2 千瓦	0.56 万～0.6 万元/台
双层米勒版发酵罐	16	5 吨	2 万～2.2 万元/个
双层米勒版发酵罐	2	3 吨	1.6 万～1.8 万元/个
双层米勒版发酵罐	2	2 吨	1.2 万～1.6 万元/个
单层储酒罐	16	5 吨	1.2 万～1.6 万元/个
单层储酒罐	2	2 吨	0.8 万～1.0 万元/个
单层储酒罐	2	1 吨	0.4 万～0.5 万元/个
保温冷冻罐	1	5 吨	2.6 万～2.8 万元/个
冰水罐	1	3 吨	1.8 万～2.2 万元/个
制冷机组	1	20 匹	5.1 万～5.3 万元/套
冰水泵	1	台	0.2 万～0.4 万元/台
管路系统	1	套	1.7 万～1.9 万元/套
板框过滤机	1	台	1.7 万～1.9 万元/台
膜过滤机	1	台	0.85 万～0.87 万元/台
洗瓶机	1	1 000～2 000 个/时	2.4 万～2.6 万元/台
高精度负压灌装机	1	台	4.1 万～4.3 万元/台
全自动打塞机	1	台	2.8 万～3.0 万元/台
烘干机	1	台	2.1 万～2.3 万元/台
自动胶帽热缩机	1	台	0.47 万～0.49 万元/台
贴标机	1	台	2.8 万～3.0 万元/台
激光打码机	1	台	3.8 万～4.0 万元/台
输送线	10	米	0.8 万～1 万元/套
动力头尾	2	台	0.56 万～0.6 万元/台
CIP 清洗	1	套	2.4 万～2.8 万元/套
水处理设备	1	套	3.4 万～3.8 万元/套
合计			105 万～120 万元

表 8-2　项目组成

序号	项目名称	规模
1	主要生产车间	800 米^2
2	发酵量	100 吨/年
3	灌装车间	100 吨/年
4	辅助车间	200 米^2
5	化验室	100 米^2
6	变配电室	360 千瓦

二、干红葡萄酒的生产工艺

1. 干红葡萄酒原料要求　酿制干红葡萄酒原则上要选用无病、成熟好的葡萄，可用晚熟、着色深的红葡萄品种，如长廊栽培的摩尔多瓦或香百川，篱架栽培的抗性制酒葡萄品种。这些品种的果皮花色苷含量高，多酚含量相对较高，在控产条件下糖度可超过18°，酿制的酒颜色深，果香浓，酒体饱满，风味也比较浓郁。

2. 干红葡萄酒工艺流程　葡萄采收→筛选→除梗破碎→果胶酶、SO_2→添加酵母启动发酵→糖低时补糖→控温 25～28℃、测比重、温度→浸渍 6～10 天或 2～3 周（根据原料品种、质量）→皮渣分离→苹乳发酵 2～3 周→添加 SO_2→陈酿→装瓶（新鲜酒 2～6 个月，陈酿酒转罐 2 年后）。

（1）葡萄采收　在测定条件不具备的情况下，只测定葡萄糖度作为采收指标，一般倾向于达到 18°～22°糖，适当晚采。

采收时间最好选择晴朗低温的早晨，避免高温的中午和下午。装运时尽量减少葡萄筐转倒的次数与叠压高度，以免挤压到果实，葡萄采收后应迅速进行机械处理，做到当天采收当天除梗、破碎入罐。

（2）筛选　分选一般在分选传送带上完成，质量参差不齐时也可以在送上传送带之前集中进行。主要是去除原料中夹杂的霉烂果、生青果、僵果、枝、叶和其他的杂物，使原料质量整齐一致，以保障葡萄酒的潜在质量。

(3) 除梗破碎 除梗是将葡萄与果梗分开并将果梗去除，破碎是把葡萄浆果压碎，以利于果汁的流出，除梗与破碎一般在同一个除梗破碎机中进行，葡萄除梗有以下几个优点：减少发酵时原料体积，一般果梗占葡萄总重量的3%～6%，占总体积的30%；改善葡萄酒的口感（果梗溶解物有劣质鞣酸，有生青、苦涩味），保证葡萄酒口感的柔和；提高葡萄酒的酒精度，果梗不含糖，反而吸收酒精；提高葡萄的色素含量（果梗固定色素）。葡萄破碎时，尽量避免撕碎果皮、挤破种子、碾碎果柄，破碎的作用是利于原料的泵送，便于添加酵母开始酒精发酵，促进葡萄皮中的物质进入发酵基质，利于浸渍，促进风味形成。

(4) 果胶酶、SO_2 破碎后的葡萄醪被泵送至发酵罐内后，适当的加酶处理可以提高出汁率、提取芳香物质、提高品种香气、利于葡萄汁澄清、提取和加深稳定红葡萄酒的颜色。在破碎的原料中加入20～30毫克/升的果胶酶，处理6～18小时，可提高出汁率10%以上，并有利于对多酚物质的浸渍提取，有助于改善葡萄酒的结构和感官质量。果胶酶的活性与温度有关（20℃时活性为25%～35%，30℃时为40%～60%），最适宜温度为45～50℃，60℃时很快失去活性，因此应尽早加入果胶酶。

SO_2具有杀菌、抗氧化、增酸、溶解等作用，一定的量是无毒的（如果超量可以通过嗅觉发现），在葡萄发酵基质中加入固体偏重亚硫酸钾能释放SO_2，能有效防止原料的氧化，便于发酵顺利进行。加硫时间是在葡萄除梗、破碎，泵入发酵罐时立即进行，并一边装罐一边加硫，建议偏重亚硫酸钾添加量为40～60毫克/升，装罐完毕后，立即与发酵基质混合均匀。

国标规定，干型酒中总SO_2的最高限量为250毫克/升，甜型酒为400毫克/升。一般控制总SO_2的量分别为干型酒200毫克/升、甜型酒300毫克/升。在实践中可以通过提高原料的卫生状况、选择发酵纯正的酵母、采取防止氧化措施、及时澄清处理、无菌过滤、酒厂和工作人员保持良好的卫生条件，尽量让酒精发酵彻底（残糖不高于2克/升）等一系列措施，都能降低葡萄酒对SO_2的需求量并提高其有效性。

（5）酒精发酵 测定糖度：葡萄酒的酿造原理是把葡萄汁中的糖分经酵母的分解作用转化成酒精而成为葡萄酒。酒精含量的高低取决于葡萄汁含糖量的高低，酒精度也是决定葡萄酒能否保存的依据，一般干红葡萄酒的酒精含量为12%～14%（或称12°～14°）。如果葡萄的糖度较低，意味着难以做出好的干红，可以尝试做低度桃红或蒸馏酒。

在发酵前必须先测知葡萄汁的糖度，葡萄含糖量的测定方法有化学滴定法、折光法和比重法。比重法简便易行。葡萄榨汁后先过滤出一部分葡萄汁于量筒中，插入波美度比重表，观察其液面所示刻度，再查（表8-3）即得出葡萄汁的糖度。据此算出能转化的酒精度，再根据缺额调整糖度以补足酒度。

表8-3 葡萄汁波美度对应含糖量

波美度	每百升葡萄汁中含糖量（克）	波美度	每百升葡萄汁中含糖量（克）
8.1	13.0	10.2	17.2
8.3	13.2	10.3	17.5
8.4	13.5	10.4	17.8
8.5	13.8	10.5	18.0
8.6	14.0	10.7	18.3
8.8	14.3	10.88	18.6
8.9	14.6	10.9	18.8
9.0	14.8	11.0	19.1
9.2	15.1	11.1	19.4
9.3	15.4	11.3	19.6
9.4	15.6	11.4	19.9
9.5	15.9	11.5	20.2
9.7	16.2	11.6	20.4
9.8	16.4	11.8	20.7
9.9	16.7	11.9	21.0
10.1	17.0		

添加酵母：酵母的添加可分为3种方式，精选酵母活化后直接添加、串罐添加、24小时酵母母液的制备并添加、利用自然酵母制备葡萄酒酵母等方法。

精选酵母活化后直接添加是在启动发酵时最常见的发酵方法，活性干酵母的用量为100～200毫克/升。酵母活化方式：容器内准备重量是酵母20倍的35～40℃的纯净温水，把活性干酵母倒入，静置15～30分钟，搅拌均匀，使酵母液充分接入氧气，活化1～2小时，然后加入等量的葡萄汁，二次活化，确保所活化酵母温度与所加入原料罐内原料温度相近（不高于2℃），之后加入罐内，循环均匀。

串罐：用正在发酵的葡萄汁接种正在发酵的葡萄原料（添加10%发酵旺盛的葡萄汁）。这种方法的优点是可大量减少商品化的活性干酵母用量，大幅度降低成本。实践结果证明，串罐过程中的酵母菌细胞，不仅能保持初始酵母菌的发酵活性和优良的稳定性，而且由于葡萄汁的选择作用，串罐酵母菌细胞的发酵活性比初始酵母菌细胞的发酵活性更强，因而其酒精发酵的启动和速度会更快，因此，大批量的原料发酵，采用串罐的方式是很好的选择。

发酵期的管理与控制：发酵过程中最明显的现象是皮渣帽形成、原料膨胀、温度升高、密度下降、红葡萄酒颜色变浓、味道发生变化。皮渣帽的形成是由于二氧化碳气体释放所导致，要定时按下去浮起来的果皮，使果皮与正在发酵的果汁相混合，有效地对果皮进行浸提，这项操作可以用机器，即从果皮下抽吸果汁，通过泵的压力喷洒在罐内大部分的果皮上，按照一定的间歇方式喷淋果皮进行循环，果汁通过循环压帽，能很快的提取葡萄皮内的色素。

发酵过程中的温度控制是非常重要的，发酵速度越快温度上升越高，通过控制温度来限制发酵速度，一旦温度高于30℃，应立即进行控温。如葡萄原料本身温度比较高，加上发酵所释放的热能，发酵过程中温度就会很快升高，可能会超过酵母菌的适应范围，导致多数酵母菌的活动受到影响，从而引起发酵终止，并使发酵中的葡萄酒挥发酸增高，香气不纯正，降低葡萄酒的质量。控温

的方法：通过冷水在不锈钢发酵罐管壁的夹层中流动进行冷却，使用时，先用冷却水将罐体进行降温，再喷淋循环罐内果汁，使之温度降低，即可达到理想的降温效果。

干红葡萄酒正常发酵7～8天为一个周期，这取决于发酵过程中的温度控制，如温度在28℃以上4～5天酒精发酵就可结束，温度控制在25～26℃酒精发酵7～8天结束，发酵过程中适当低温可使乙醇产量高，温度过高则乙醇产量降低，因此，在葡萄原料好的情况下，低温延迟发酵可以生产高质量的葡萄酒。

发酵过程中要每天早晨、中午、下午各测一次葡萄酒的温度、密度，及时降温，测完应做好记录，方便观察其变化。如需补糖，应选择在酒精发酵旺盛期进行。

酒精发酵中的各种处理都应做好详细记录，包括：装罐（开始和结束时间）；SO_2处理（浓度、用量和时间）；补糖（时间、添加量）；辅料（添加量、时间）；倒灌（次数、持续的时间、性质）；温度控制（升温、降温），出罐（时间、酒的种类与体积、密度、温度、去向）。

酒精发酵是果汁对葡萄果皮、种子的色泽、风味、鞣酸的浸提和葡萄果汁内糖转化为酒精的过程。当酿酒师认为对色泽、风味和鞣酸的提取已经达到要求的时候，就可以进行皮渣分离了。

（6）皮渣分离 葡萄酒通过一定时间的浸渍，将酒放出，皮渣分离。如葡萄原料质量良好，发酵温度较低，可以浸渍时间相对长一些，在比重降至1.000或低于1.000，检测葡萄酒的残糖低于2克/升，即可分离。这样可生产高鞣酸、多酚的优质葡萄酒。如果葡萄原料一般，发酵温度又高，则应在比重1.010至1.015时进行皮渣分离，可生产果香型的新鲜葡萄酒，如果浸渍时间过长葡萄酒的柔和性会降低。分离后应将自流酒的温度控制在18～20℃，以保证葡萄酒后期发酵的顺利进行。

（7）苹果酸乳酸发酵 苹果酸乳酸发酵是在酒精发酵结束后，在乳酸菌的作用下，将苹果酸分解成乳酸和二氧化碳的过程，简称苹乳发酵或后发酵。苹乳发酵是二元酸向一元酸转化的过程，使葡萄酒总酸下降，酸涩感降低，降酸的幅度取决于葡萄酒中苹果酸的含量以及苹果酸与酒石酸的比例，一般可使总酸下降1～3克/升。此外，苹乳发酵还有助于增加葡萄酒的稳定性，对酒的风味起很好的修饰作用。

苹果酸乳酸发酵属于厌氧发酵，可以自然启动，也可以通过接种乳酸菌诱发启动。在没有接种乳酸菌的情况下，无论是在酒精发酵期间还是酒精发酵结束后，如苹乳发酵能够有规律地启动，对葡萄酒不会产生不良的影响，那就让它继续进行。如果苹乳发酵没有启动，可以通过添加精选的乳酸菌株，或通过已经开始苹乳发酵的葡萄酒接种，来启动苹乳发酵。

苹乳发酵是提高红葡萄酒质量的必要步骤，在其发酵结束并进行恰当的SO_2处理后，红葡萄酒才具有生物稳定性。因此，应尽量使苹乳发酵在葡萄酒出罐时立即进行。

诱发苹乳发酵的最佳条件是：SO_2不高于50毫克/升；发酵时选择不产SO_2的优选酵母；酒精发酵结束不添加SO_2；酒精发酵完全（残糖小于2克/升）；pH 3.3～3.5；控温18～25℃；满罐、罐密封、环境通风。

(8) 陈酿 发酵后获得的葡萄酒，酒体粗糙、酸涩、生青，饮用质量较差，称为生葡萄酒。生葡萄酒经过一系列的物理化学变化后，才能达到最佳饮用质量，葡萄酒在储存过程中，随着时间的延长，饮用质量不断提高，一直到最佳饮用期，这就是葡萄酒的成熟过程，也是陈酿过程。陈酿过程中，葡萄酒的饮用质量随着储藏时间的延长而逐渐降低，就是葡萄酒的衰老过程。因此，葡萄酒是有生命的，有着自己的成熟和衰老过程。了解这一过程的变化规律及其影响因素，才能做好葡萄酒的储存与陈酿管理。

葡萄酒的陈酿条件：储存容器的密封性，储存酒的容器需要满罐、密封，不能有渗漏或直接与氧气接触现象。陈酿对原酒的要求是：酒精度一般为8%～12%，总滴定酸5～8克/升（酒石酸计）；酒窖温度控制在15℃左右，恒温最好，相对湿度60%～80%之间，确保无异味；罐储葡萄酒氧化还原电位小于200毫伏，橡木桶陈酿

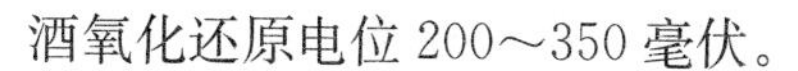
酒氧化还原电位200～350毫伏。

葡萄酒陈酿和储藏过程中，必须加入SO_2保护葡萄酒，防止氧化作用和微生物的活动导致变质。SO_2在葡萄酒中以游离态和结合态的形式存在，二者一起组成总SO_2，因为游离SO_2在酒中以最有效的形式存在，因此对它的测量比对总SO_2的测量更为重要。保存葡萄酒所需要的SO_2量与葡萄酒的pH相关，在低pH即酸较高的葡萄酒中，有更多未解离的SO_2，需要加较少的游离SO_2，pH对游离SO_2的分子态形式所占百分比的影响见表8-4。

表8-4　pH对游离SO_2的分子态形式所占百分比的影响

酒液pH	游离SO_2（%）	亚硫酸氢盐分子形式SO_2（%）
3.0	94.0	6.0
3.2	96.0	4.0
3.4	97.5	2.5
3.6	98.5	1.5
3.8	99.0	1.0
4.0	99.4	0.6

因此不可能对同一种葡萄酒中的SO_2制定统一标准，每种葡萄酒类型都必须分别处理。在葡萄酒pH为3.0～3.7的范围内，需要保持的游离SO_2的量见表8-5，所以葡萄酒的pH越高，需SO_2的量也就越高，pH越低，需SO_2的量就相对低一些，这样SO_2才能更精准地起到保护葡萄酒的作用。

葡萄酒陈酿过程中发生着一系列物理化学反应，葡萄酒变得澄清、颜色稳定，口感更为柔和，香气更为浓郁，各种气味更平衡、融合、协调。在橡木桶中陈酿的葡萄酒，由于对橡木物质的溶解、浸渍等作用使葡萄酒具有更高的风味复杂性及香气。酿酒师通过嗅觉、味觉、视觉感触以及定期的测定分析对陈酿过程全面掌控。

表 8-5 不同酸度所需要保持的游离 SO_2 含量

酒液 pH	游离 SO_2 量（毫克/升）
3.0	13
3.1	16
3.2	21
3.3	26
3.4	32
3.5	40
3.6	50
3.7	60

葡萄酒陈酿中的管理任务就是，促进物理、化学反应的顺利进行，防止任何微生物的活动，减慢葡萄酒的衰老，尽量避免对葡萄酒的不必要处理，保证葡萄酒的正常成熟。

(9) 灌装 用于葡萄酒灌装的容器有玻璃瓶、塑料容器、木桶等，其操作可分为洗瓶、装瓶、压塞（压盖）、套帽、贴标、喷码、装箱等工序。

在灌装前，必须根据葡萄酒感官和理化指标分析的结果，进行各方面的调整，主要是加 SO_2（根据国标）、不同基酒之间的调整，以保证产品澄清稳定。

干红葡萄酒装瓶前应注意：不应进行太强的机械处理，任何不必要的或过度的处理都会影响葡萄酒的质量。过重的下胶和过细的过滤会明显减少葡萄酒内含的干物质，降低葡萄酒的圆润度和醇和感。但是，惰性气体条件下的瞬间巴氏杀菌对香气并不影响。

正规酒厂灌装前必须对葡萄酒进行稳定性试验，确定现有的浑浊或潜在混浊的原因，选择合理的处理方法，以保证葡萄酒的稳定性。干红葡萄酒灌装前的化学分析是：还原糖、酒精、总酸和挥发酸、总硫和游离硫、pH，铁、铜、蛋白质的含量，冷、热稳定性及氧化试验，苹乳试验，细菌和酵母计数试验，这些试验都合格

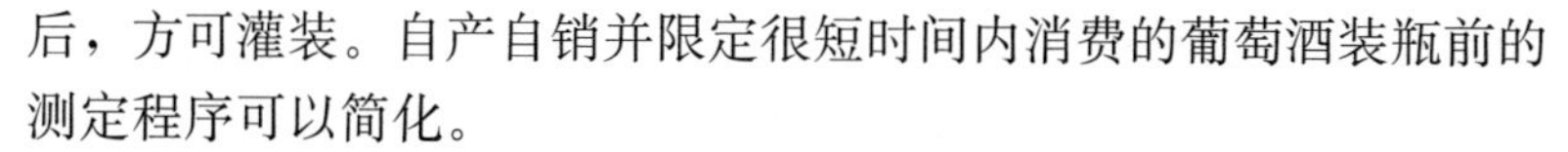

后，方可灌装。自产自销并限定很短时间内消费的葡萄酒装瓶前的测定程序可以简化。

灌装时酒塞的选择：为获得最佳的密封效果，对于红葡萄酒，塞子的直径应大于瓶颈内径6毫米，塞子与瓶内葡萄酒的距离应该为10～13毫米（灌装温度20℃时），温度低时降低灌装高度，温度高则提高灌装高度。

灌装过程中保证设备和场地清洁卫生，车间内要达到国家《葡萄酒厂卫生规范》（GB 12696）要求，车间要明亮、通风，灌装线现场车间及附近区域的地面、下水道、墙面要保持清洁、无异味；要有洁净水源和管道，方便清洗及排水，地面、地沟要经常清洗。

装瓶后检查装瓶的质量。采用软木塞封口的葡萄酒，封装后酒瓶应倒放或卧放，让酒液可以浸润软木塞，使木塞膨胀并增加回弹力，可防止瓶壁漏酒漏气使葡萄酒过快老化。

装瓶后的葡萄酒，应在储存陈酿库中储藏，陈酿库温度应为12～15℃，湿度70%，并具有良好的隔热性能以保证储存库恒温。

三、桃红葡萄酒的简易自酿技术

1. 原料要求　大部分鲜食葡萄品种与酿酒葡萄相比，体积偏大，色泽较浅，糖分和鞣酸含量较低，因此，当一些中晚熟鲜食红葡萄品种因故没有鲜食消费时，可用于酿制桃红葡萄酒，可使用干红葡萄酒的生产设备，量少时也可以因陋就简部分手工替代。如果产量规模较大，可分类选择玫瑰香型的品种如巨玫瑰、玫瑰香，或者草莓香型的品种如巨峰系等，分别酿制。原料要求总糖不低于18%，选用好原料酿造能充分保证获得适量的酚类物质，保证酒体活泼清爽、颜色靓丽。

2. 工艺流程

（1）准备器械、辅料　首先准备用于发酵葡萄和储存葡萄酒的大小不锈钢罐、不锈钢或塑料盆数个，0.9～1.0波美比重计1支，1.0～1.1波美比重计1支，温度计1支，量筒2个，1 000毫升烧杯4个、pH试纸一盒，宽1米长的若干白棉布，直径2～5厘米的无毒无味塑料管若干米。

购买发酵葡萄酒用的辅料，果胶酶、酵母、柠檬酸、SO_2、酒石酸、白砂糖等适量。

（2）杀菌消毒 在酿酒前对所有容器、工具先用水清洗干净；用2.5%的碱水清洗后，再用清水冲洗；用1%的柠檬酸或亚硫酸清洗，再用纯净水冲洗干净。或先用水清洗干净再沸水淋洗一次，去除异味和杂菌。

（3）脱粒破碎 可使用破碎机械，也可用手操作，操作前洗净双手或戴医用手套，先将葡萄脱粒除梗在盆中再捏破出汁，然后倒入罐中，第一时间加入50～75毫克/升的SO_2，也可加入偏亚硫酸钠或偏亚硫酸钾盐，根据葡萄汁的pH确定是否添加酒石酸，以确保葡萄汁的pH范围为3.0～3.7，在葡萄破碎后尽快加入果胶酶，提高出汁率。

（4）浸皮发酵 每4个小时左右用工具压上浮皮渣一次，葡萄皮浸渍的时间长短取决于温度和葡萄皮的颜色，温度5～15℃浸渍时间24小时左右，温度越高浸皮时间越短，通过合理的浸渍获得所需的色调和果香，并在此范围内尽量提高花色素苷和鞣酸的比例。

（5）控温 把塑料管盘旋在发酵罐肩上，在塑料管下面打若干个小孔，连接地下水源，利用较低的地下水温进行水淋降低发酵罐温度。根据容器大小和水源压力，观察水淋降温效果，确定塑料管缠绕圈数。

（6）榨汁 浸皮结束后进行出汁，用一块洗净并用沸水烫过的白棉布进行榨汁，挤净去除残渣，将葡萄汁存入桶中，待发酵。

（7）接种酵母 按每百千克葡萄汁加20～30克酵母量对果汁进行接种。酵母活化所用方式：准备重于酵母10倍的35～40℃的温纯净水，加入酵母，温和搅拌15分钟，活化6～8小时，添加前加入酵母液一倍的葡萄汁进行2次活化，1小时后，接入果汁发酵桶内，搅拌均匀。

（8）发酵 发酵一般在20～22℃时进行，发酵过程中温度掌控非常重要，糖含量的降低大致为线性，适宜的情况下每天降低0.7°～1.4°。

3. 发酵管理

（1）调整糖度　一般桃红葡萄酒的酒精含量为11%～12%，如酒精低于10%就不易保存了。

葡萄汁的含糖量与发酵后产生的酒精度有一个比值，即含糖1.7%发酵后可产生1%的酒精。如果葡萄含糖量13%～20%，按以上比值计算，其发酵后酒精含量为7.6%～11.7%，达不到葡萄酒酒精含量的最低要求就必须调整酒度。

在测定葡萄汁糖度的基础上，再根据所需要的酒度计算出所缺的糖度和具体的加糖数量。缺的糖加入葡萄汁内使其继续发酵，发酵完毕后基本可达到所需要的酒度。加糖量可根据以下公式计算：需加糖量＝（需要度数×每度酒耗糖度数－现有糖度数）×葡萄汁总重量÷100。

例：葡萄汁500千克，含糖15°，计划酿酒精11°的桃红葡萄酒，需加糖多少千克？需加糖量＝（11×1.7－15）×500÷100＝18.5千克。

（2）澄清倒罐　发酵结束后，葡萄酒澄清倒罐，去除酒泥。发酵结束倒酒时，要加入SO_2，加入量根据葡萄酒的pH，pH一般掌握为3.2～3.6，调整后即可灌装、饮用（图8-8）。

图8-8　桃红葡萄酒

四、半甜白葡萄酒的生产工艺

白葡萄酒是采用白葡萄汁经过酒精发酵后获得的酒精饮料，发酵过程中不存在葡萄汁对葡萄皮层部分的浸渍现象，白葡萄酒的香气由葡萄品种的一类香气和发酵过程中的二类香气及酚类物质的含量所决定。半甜白葡萄酒是白葡萄酒在发酵过程中，保留残糖，终止发酵所获得的半甜酒精饮料。

1. 原料要求 加工原料主要针对鲜食葡萄园中剩余的晚熟品种如阳光玫瑰以及泽香等白葡萄品种的果实。这些品种耐挂树，销售末期一般糖度都能达到20°左右，可以根据糖度水平决定生产半干或半甜葡萄酒。阳光玫瑰半甜葡萄酒特色：颜色微黄带绿，玫瑰香气浓郁，口感圆润、甜美。

2. 半甜白葡萄酒工艺流程 原料采收→筛选→破碎压榨→低温5～12℃浸渍48小时→压榨取汁→加膨润土低温澄清→回温18℃添加酵母→发酵控温18～20℃→糖低时补糖→密度1.010到1.020（冷冻终止发酵）→冷过滤倒灌加SO_2→下胶澄清→装罐密封→0～4℃澄清2周→冷过滤储存→2月后过滤装瓶。

（1）破碎压榨取汁 葡萄在滚筒式破碎机内进行破碎，破碎时添加50～75毫克/升的SO_2，再加入50～100毫克/升的抗坏血酸，如果需要增酸，可以在这个时期添加酒石酸，以确保果汁的pH保持在3.0～3.4范围内，在葡萄破碎时尽快加入果胶酶以便延长作用时间。干白浸渍接触时间的长短取决于温度，在5～10℃的条件下，果皮与果汁的接触时间可以长达8个小时，温度越高，提取出的鞣酸和收敛性物质就越多。

浸渍后进行出汁，取汁时温度最好不超过15℃，然后进行果皮压榨，压榨过程中再加入20～50毫克/升的SO_2。

（2）酒精发酵 发酵温度一般控制为15～20℃，接种酵母，同时加入100～200毫克/升的磷酸氢二胺作为无机氮源，防止发酵过程中硫化氢的形成，同时有利于糖的完全转化，再加入B族维生素混合物，作为酵母的营养来协助发酵。监测发酵过程中糖含量的下降，适宜情况下每天降低 0.4～0.8 波美度。等葡萄酒发酵残糖保留在 18～45 克/升（可根据所需酒度保留残糖），将葡萄酒冷却至－4～－2℃，终止发酵，获得半甜白葡萄原酒。

（3）下胶澄清　确定发酵结束后，可以对葡萄酒进行下胶，倒酒，澄清，去除酒脚。

下胶是根据果汁中蛋白质的含量，按比例加入膨润土（加入前先做梯度试验），添加量一般是 400～1 000 毫克/升，葡萄酒的酸度越高，膨润土去除蛋白质的效果就越好，这是因为在低 pH 条件下蛋白质分子所带的正电荷会增加，在 pH 为 3.0 时，膨润土的需要量只是 pH 3.6 时的 1/4。膨润土在温葡萄酒中去除蛋白质效果要比冷凉条件下好。膨润土活化尽量使用纯净水，因为地表水中的钙离子会降低膨润土的效率。

下胶方式：先用少量热水（50℃）使膨润土膨胀，逐渐将膨润土加入水中并搅拌，使之成奶状，然后加入葡萄酒中。比如：膨润土的加入量为 1 克/升，对应于将 10 升 10%的平滑悬浮液加入至 1 000L 的葡萄酒中。下胶与倒酒同时进行可以更好地使葡萄酒与膨润土混合均匀。

防止氧化变色是白葡萄酒生产的关键。在倒酒时要加入 SO_2，添加量取决于葡萄酒的 pH，通常 pH 为 3.1～3.4，使酒中游离 SO_2 的浓度达到 30～40 毫克/升。葡萄酒的 pH 越高，需要的游离 SO_2 就越多，还可加入 100 毫克/升的抗坏血酸，随后在每次处理或转移葡萄酒之前，都再次加入 25～50 毫克/升的抗坏血酸，在加入抗坏血酸时葡萄酒内游离 SO_2 的存在是很重要的，下胶，倒酒后，葡萄酒静置澄清。

（4）过滤　白葡萄酒稳定澄清后，还需要过滤，以达到酒窖储存所需的澄清度，一般是先经过纸板过滤，再通过一种或多种膜过滤。板式过滤可以减少或去除葡萄酒中很大一部分存在的微生物，生产半甜葡萄酒，可以根据生产厂家的说明，选择使用最小孔径的纸板去除葡萄酒中所有的酵母和细菌。膜过滤主要用于板式过滤之后，是保证在装瓶前完全去除微生物而进行的过滤步骤。膜过滤器是很浅的滤器，除去固体的能力很小，所以葡萄酒在进行膜过滤前，需要达到很好的澄清度。新的膜过滤材料具有可以重复进行蒸汽灭菌而不改变过滤效果的能力。

（5）灌装 灌装前对葡萄酒以国家标准进行检验，合格后才可灌装。灌装前对灌装设备进行卫生检查，已用过的过滤材料要用清水清洗并消毒，检查无异味和颜色，否则应进行更换。对灌装设备清洗消毒，先用清水通过过滤机及灌装管道，然后用少量葡萄酒再次通过过滤机及灌装管道将这些酒排除后，方可进行正式灌装。灌装时酒液在瓶中液位应该一致，并把灌装机灌装液位调到适当位置。

五、蒸馏酒的生产工艺

1. 原料对象 主要针对葡萄观光园中一些成熟或采收较早，糖度较低，或者因突发病虫灾害而没有采摘商品价值的次果、裂果等，但不包括霉烂果。此外，干酒发酵剩余的酒渣也可以用于蒸馏。所蒸馏的酒精可以用橡木桶陈酿，也可以添加到干酒或半甜酒中补充酒精度，可以改善酒质，同时节约加糖花费。

2. 蒸馏工艺流程 葡萄采收→原料酒精发酵→蒸馏→陈酿。

（1）葡萄原料 用于酿造白兰地原酒的葡萄原料必须无病，病菌浸染的葡萄原料使葡萄酒易于氧化，破坏白兰地的香气，使白兰地出现怪味。任何使葡萄酒具有不良香气和不良口味的因素都会通过蒸馏而浓缩于白兰地中。

原料的成熟度一般要求自然酒度较低，总酸含量稍高，自然酒度一般以7%～10%（体积分数）即可，尽量不超12%，总酸含量以7～10克/升（酒石酸计）为宜。干红、干白、桃红葡萄酒发酵完成分离的酒渣也可以用于蒸馏皮渣白兰地，皮渣蒸馏的白兰地具有浓郁的皮渣香气。

（2）原酒的酒精发酵 白兰地酒精发酵可分为取汁发酵和浸皮发酵。取汁发酵是葡萄经过破碎压榨后取清汁进行发酵，具体工艺和发酵过程与白葡萄酒类似。浸皮发酵是葡萄经过除梗破碎直接加

入酵母进行发酵，工艺和发酵过程与干红葡萄酒类似。

白兰地在酒精发酵过程中不添加二氧化硫及其他任何辅助物。刚发酵完成的生酒含有二氧化碳和酵母的不良气味，并且苦涩、酸度高，粗糙不细腻，所以在酒精发酵结束后，将发酵罐添满、密封储藏等待一段时间，一般到12月才开始进行蒸馏。

(3) 蒸馏 进行蒸馏前，应对原酒进行质量检测，包括色香味的感官鉴定、蒸馏鉴定和酒脚鉴定。

感官鉴定的目的是为了发现葡萄原酒是否具有明显的缺点，保证白兰地的质量。健康原酒感官标准是：淡黄色、表面无膜，奶状，稍带二氧化碳气味、清爽、酸度高、清淡具酒香，后味带果香、香气优雅。生病原酒往往表现为：黏稠、油腻，带栗色或灰色、酒脚深栗色，具醋味、霉味，酒体平淡、酸度低、具苦味。

蒸馏鉴定的目的是检测那些在葡萄酒中不能觉察但可能出现在白兰地中的气味。其原理与干邑白兰地的两次蒸馏法相同。第一次蒸馏：取600毫升葡萄原酒加入15克铜屑，至沸时间为15分钟，蒸馏时间为45分钟，馏出液体积为200毫升。第二次蒸馏：将第一次蒸馏获得的200毫升蒸馏液，与铜屑一起进行第二次蒸馏，蒸馏时间为15分钟，获得50毫升蒸馏液。

酒脚鉴定的目的是去除质量低的酒脚。优质酒脚鉴定标准是含有酵母2克/升左右、葡萄果肉碎屑、蛋白质、果胶质、多糖、较细的酒石、颗粒较细的悬浮物。劣质酒脚的特征是，含有泥沙、叶片、碎屑及不属于葡萄果胶的物质。

蒸馏方式：葡萄原酒或皮渣加入蒸馏器内，煮至沸腾，酒精蒸汽散发，聚集在蒸馏塔中，通过弯管进入蛇形管，再通过冷凝器冷凝馏出，便可得到粗酒，即第一次馏出酒。其特点是有点浑浊，含酒精28%～32%。把第一次馏出物加入蒸馏器进行第二次蒸馏，得到白兰地原酒。蒸馏过程中要进行除去酒头酒尾的操作，最初的蒸馏（酒头），主要含有脂肪酸铜盐、乙酸乙酯和醛类等风味不良的物质，这部分馏出物丢弃做它用。最后的馏出物（酒尾），主要含有高级醇、乙酸等，要送至下一次进行复蒸，就是“去头留尾”

蒸馏法，中间部分的馏出物（酒身），即白兰地，经过滤后进入橡木桶进行陈酿（图 8-9）。

图 8-9　夏朗德蒸馏壶

（4）陈酿　新蒸馏出的白兰地品质粗糙，香气尚未圆熟，要经橡木桶陈酿一定时间后，才能达到优良的品质，因此，橡木桶陈酿是白兰地生产的关键工艺。白兰地在橡木桶内经过漫长的陈酿过程，通过微氧接触，并逐渐吸收橡木的香气，从橡木桶中吸收它所需要的成分，色泽变成金黄或棕色，形成自己独特的色泽和芬芳，这种转变过程称为熟酿。储存白兰地的酒窖湿度会影响酒的挥发和成熟，当潮湿和干燥达到平衡，白兰地口感就会比较柔和。

（5）装瓶前调配　成熟后的白兰地是半成品，不能直接饮用，在装瓶前必须经过过滤、分析、调配等才能饮用。白兰地中存在着一些高级脂肪酸乙酯，随着陈酿时间的延长，酒度降低，这些乙酯的溶解度下降，会在瓶内产生沉淀，可以冷处理后进行过滤去除。其方法是：先将白兰地冷却至 10℃并保持 24 小时，然后用纸板过滤机进行过滤。经过滤的白兰地，储存 6 个月至 1 年以后再进行调配，调配前应测定白兰地的总酒度、酒度和色度三个指标。

装瓶前白兰地的酒度大约是 62%，因此需要降低白兰地酒度。降低白兰地酒度不能直接加水，因为这样会影响白兰地的质量，应先将少量白兰地用蒸馏水稀释，使其酒度达到 27%，储存一段时

间后再将稀释后的白兰地加入高酒度的白兰地中，稀释的白兰地加入应分次进行，每次降低8%～9%，每次降低酒度后，应过滤并储存一段时间再进行调配。

白兰地调配后酒精为40%～42%，调配好的白兰地，经分析、品尝，在零下5℃低温处理一周后，低温过滤，准备装瓶。装瓶前最好先将酒塞用白兰地浸泡，并用白兰地对酒瓶进行最后一次清洗，最后装瓶。

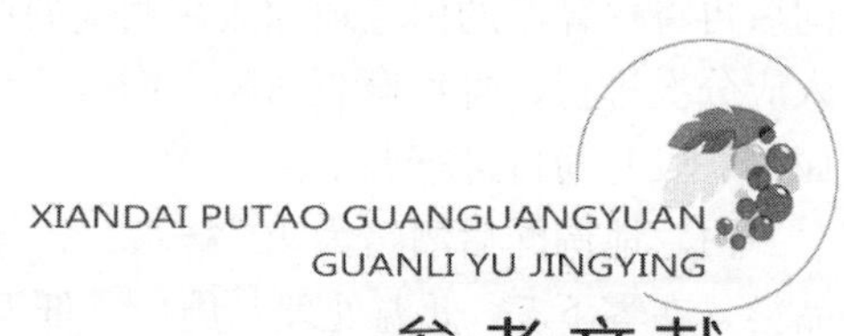

参考文献

陈锦永，2011. 植物生长调节剂在葡萄生产中的应用[M]. 北京：中国农业出版社.
陈履荣，1992. 现代葡萄栽培[M]. 上海：科学技术出版社.
郭大龙，2015. 葡萄科学施肥[M]. 北京：金盾出版社.
蒋建福，刘崇怀，2010. 葡萄新品种汇编[M]. 北京：中国农业出版社.
李春光，2017. 飞酿笔记[M]. 吉林：文史出版社.
李华，王华，袁春龙，等，2015. 葡萄酒工艺学[M]. 北京：科学出版社.
刘凤之，段长青，2013. 葡萄生产配套技术手册[M]. 北京：中国农业出版社.
刘凤之，王海波，2011. 设施葡萄促早栽培实用技术手册[M]. 北京：中国农业出版社.
刘军，王维江，2014. 园艺产品贮运营销[M]. 北京：中国农业大学出版社.
刘淑芳，贺永明，2018. 葡萄科学施肥与病虫害防治[M]. 北京：化学工业出版社.
罗国光，2011. 葡萄整形修剪和设架[M]. 北京：中国农业出版社.
吕彦，2014. 休闲农业实战营销[M]. 北京：中国农业出版社.
马文娟，同延安，高义民，2010. 葡萄氮素吸收利用与累积年周期变化规律[J]. 植物营养与肥料学报，16（2）：504-509.
潘贤丽，2009. 观光农业概论[M]. 北京：中国林业出版社.
史祥宾，王孝娣，王宝亮，等，2019. ‘巨峰’葡萄不同生育期植株矿质元素需求规律[J]. 中国农业科学，52（15）：2686-2694.
宋志伟，邓忠，2018. 果树水肥一体化实用技术[M]. 北京：化学工业出版社.
唐韵，蒋红，2018. 杀菌剂使用技术[M]. 北京：化学工业出版社.
王海云，姜远茂，彭福田，等，2008. 胶东苹果园土壤有效养分状况及与产量关系研究[J]. 山东农业大学学报（自然科学版），39（1），31-38.

王浩，2003. 农业观光园规划与经营[M]. 北京：中国林业出版社.

王世平，2015. 葡萄根域限制栽培技术的应用及优势[J]. 中外葡萄与葡萄酒（4）：74.

王忠跃，2009. 中国葡萄病虫害与综合防控技术[M]. 北京：中国农业出版社.

严贤春，2011. 休闲农业[M]. 北京：中国农业出版社.

翟建军，2018. 果园机械现实应用存在的问题探究[J]. 南方农机（24）：34.

翟建军，翟衡，2010. 济宁地区葡萄花期灰霉病的发生与防治[J]. 中外葡萄与葡萄酒（4）：48-51.

张建国，2010. 休闲农业管理人员手册[M]. 北京：中国农业出版社.

赵玉禄，2015. 食品检验工[M]. 北京：中国劳动社会保障出版社.

郑莹，何艳琳，2018. 乡村旅游开发与设计[M]. 北京：化学工业出版社.

邹春琴，2005. 旱稻缺铁黄化的成因探讨[D]. 北京：中国农业大学.

DAMI，2005. Midwest grape production guide [M]. Columbus：Ohio State University.

致 谢

感谢以下单位在图片收录方面的大力支持：

山东长兴农业发展有限公司
山东巴福洛农业科技发展有限公司
山东济宁秋实农业发展有限公司
山东五羊坡葡萄观光园
山东刘村葡萄采摘园
山东荣泽农业发展有限公司
山东久润农业发展有限公司
山东淄川天梓亿德葡萄观光园
山东泓基农业发展有限公司
河北邯郸河东葡萄观光园
山东鲜食葡萄研究所
山东志昌葡萄研究所
高密益丰果园机械有限公司
绍兴哈玛匠机械有限公司